和谐校园文化建设

如何提高学生的思维能力

陈忠辉 张 爽/编著

吉林出版集团股份有限公司

吉林教育出版社

图书在版编目(CIP)数据

如何提高学生的思维能力 / 陈忠辉,张爽编著. —
长春:吉林教育出版社,2012.6(2022.10重印)
(和谐校园文化建设读本)
ISBN 978 - 7 - 5383 - 8824 - 4

Ⅰ. ①如… Ⅱ. ①陈… ②张… Ⅲ. ①中小学生—思
维能力—能力培养 Ⅳ. ①B842.5②G635.5

中国版本图书馆 CIP 数据核字(2012)第 116291 号

如何提高学生的思维能力
RUHE TIGAO XUESHENG DE SIWEI NENGLI   陈忠辉　张　爽　编著

策划编辑　刘　军　　潘宏竹
责任编辑　刘桂琴　　　　　　　　　　　　　　　装帧设计　王洪义

出版　吉林出版集团股份有限公司(长春市福祉大路5788号　邮编 130118)
　　　　吉林教育出版社(长春市同志街 1991 号　邮编　130021)
发行　吉林教育出版社
印刷　北京一鑫印务有限责任公司

开本　710 毫米×1000 毫米　1/16　　**印张**　13　　**字数**　165千字
版次　2012 年 6 月第 1 版　　**印次**　2022 年 10 月第 2 次印刷
书号　ISBN 978 - 7 - 5383 - 8824 - 4
定价　39.80 元

编 委 会

主　　编：王世斌

执行主编：王保华

编委会成员：尹英俊　尹曾花　付晓霞
　　　　　　刘　军　刘桂琴　刘　静
　　　　　　张　瑜　庞　博　姜　磊
　　　　　　潘宏竹
　　　　　　（按姓氏笔画排序）

总 序

千秋基业，教育为本；源浚流畅，本固枝荣。

什么是校园文化？所谓"文化"是人类所创造的精神财富的总和，如文学、艺术、教育、科学等。而"校园文化"是人类所创造的一切精神财富在校园中的集中体现。"和谐校园文化建设"，贵在和谐，重在建设。

建设和谐的校园文化，就是要改变僵化死板的教学模式，要引导学生走出教室，走进自然，了解社会，感悟人生，逐步读懂人生、自然、社会这三本大书。

深化教育改革，加快教育发展，构建和谐校园文化，"路漫漫其修远兮"，奋斗正未有穷期。和谐校园文化建设的研究课题重大，意义重要，内涵丰富，是教育工作的一个永恒主题。和谐校园文化建设的实施方向正确，重点突出，是教育思想的根本转变和教育运行机制的全面更新。

我们出版的这套《和谐校园文化建设读本》，既有理论上的阐释，又有实践中的总结；既有学科领域的有益探索，又有教学管理方面的经验提炼；既有声情并茂的童年感悟；又有惟妙惟肖的机智幽默；既有古代哲人的至理名言，又有现代大师的谆谆教诲；既有自然科学各个领域的有趣知识；又有社会科学各个方面的启迪与感悟。笔触所及，涵盖了家庭教育、学校教育和社会教育的各个侧面以及教育教学工作的各个环节，全书立意深邃，观念新异，内容翔实，切合实际。

我们深信：广大中小学师生经过不平凡的奋斗历程，必将沐浴着时代的春风，吸吮着改革的甘露，认真地总结过去，正确地审视现在，科学地规划未来，以崭新的姿态向和谐校园文化建设的更高目标迈进。

让和谐校园文化之花灿然怒放！

本书编委会

目 录

上篇:各种思维能力及重要性简介

下篇:各种思维能力在各学科中的实践与运用

上篇：各种思维能力及重要性简介

第一章　思　维

与动物相比，我们人类有什么特别的地方呢？与动物相比，人类的肢体并没有什么特别的地方。很显然，是大脑赋予了人类超出动物的思维，才使得人类成为宇宙的灵长、万物的精华。

思维的力量是可怕的。它可以囊括宇宙的一切。离开了思维，人便不能称其为人了。

所以我们要充分了解思维，绽放思维的火花。

第一节　什么是思维

处理各种事务都需要用到思维，我们时刻都在运用思维解决各种问题。但思维又是一种神秘的、抽象的东西，摸不着、看不到。那么思维到底是什么呢？

思维是一种复杂的高级认识活动，是人脑对客观现实间接的、概括的反映过程，它可以揭露事物的本质属性和内部规律性。思维主要借助语言来实现。

思维不同于感知觉。人对事物的感觉和知觉是事物直接作用于感觉器官时产生的，是事物的个别属性或具体事物及其外部联系在头脑的反映，它们属于认识的低级阶段。

例如：我们看过，也使用过各种各样的铅笔，我们经常会感知到它的长短、大小、颜色、形状、质地等特点，这是对铅笔的表面认识。如果我们思考它为什么被叫做铅笔？当我们开动脑筋，知道："凡是有铅芯的书写工具都叫铅笔。"这就把铅笔和毛笔、钢笔、圆珠笔区别开,找到了铅笔的内在的本质属性。了解事物的本质过程,就是思维。这是感知觉低级认识过程不能实现的。

思维和记忆有密切联系,但又不能把它归结为记忆。记忆是能把已经历过的事物保持在头脑中,当需要的时候能够提取出来。打电话时提取头脑中已储存的电话号码,解算术题时运用九九表,这种简单再现过程,是记忆。而思维则是探索和寻找事物之间的新联系,它需要提供头脑中已有知识经验进行重新组合和改造。例如,室内电灯突然间不亮了,根据记忆的经验,可能是"灯泡中的灯丝断了""电表的保险丝断了""电线短路"等原因。这些旧经验的简单重现,并不是思维过程。只有当你依据问题产生的情景,提取假设,验证假设,探索和发现事物间新联系的过程,才是思维过程。

显而易见,记忆对思维有重要意义,一个人的头脑不能保有丰富的知识经验,就不可能实现经验重新组合,解决新问题。但人的认知活动并未停留在旧经验的再现过程,而是在感知觉提供的材料和表象、旧经验的基础上进行分析,抛开一切无关的、不重要的东西,由事物的外表深入到内部。正因为如此,经过人的思维加工,就能够更深刻、更完全、更正确地认识客观事物。一切科学概念、定理、法则、法规、法律都是通过思维概括出来的。思维是一种高级认识过程。

第二节　思维特征和重要性

一、思维的特征

1.思维的间接性:思维的间接性是指思维活动是一种间接反映。它有如下两种含义:第一,人不能直接感知到事物的本质属性和规律,而是对感知到的现实世界进行加工,从表面属性中,抽象概括出它的本质和规律。第二,人认识了事物的本质属性,并能从中发现事物的,或者根本不可能感知的事物的规律性,就能凭借这些知识,间接地理解和把握那些没有感知过的,或者根本不可能感知的事物的存在。例如早晨起床推窗向外望,见到屋顶地皮潮湿,就可以推知夜里下了雨;再如,气象学家可以根据已掌握了的气象变化规律,进行天气预报,推断未来的天气变化情况;又如,在操作机器的过程中,通过观看能够感知机械的运动情况,但不能说明其工作原理;又如,按每秒30万千米传播的光速,这是凭借感官无法直接认识的,而思维则可以间接地认识。

2.思维的概括性:思维的概括性是说明思维是一种概括的反映,它有两种意思:

第一,它不能像感觉和知觉那样,只是反映事物的个别属性或个别事物,而思维则是对一类事物的共同的本质属性和它们之间规律性联系的反映。例如,我们通过感觉和知觉,可以感知各种形状的三角形,如直角的、锐角的、钝角的等大小不等的三角形,而通过思维可以概括性地认识:凡是由三条边线、三个角构成的几何图形都是三角形。三个角和三条边线是一切三角形共有的特征,也是任何三角形的本质属性。

第二,思维的概括性还在于人们是在不同时间、地点、情境反复多次地经历了同一类事物,把它们归在一起,找出它们之间的联系和关系。我们无数次用过铅笔、钢笔、圆珠笔、毛笔之后才概括出笔有写字的功能。通过感知可以看到太阳从东方升起,从西方落下,这是由于认识到了地球和太阳之间的外部联系,即地球围绕太阳公转和地球本身的自转。这种对地球和太阳表象实质的理解,只有经过科学家的无数次观察,通过思维才得到的。

综上所述,思维就是人脑对客观现实的间接和概括的反映。

二、思维的重要性

思维是智力的核心,是考察一个人智力高低的主要标志。

思维也就是我们平常所说的思考,是人脑对客观事物间接的概括的反映。人是通过思维而达到理性认识的,所以人一切活动都是建立在思维活动基础上。

大脑思维的简单与复杂直接决定着一个人智力能力的高低,一个没有良好思维素质的人,他的智力也不会太高。而专业思维训练的主要目的就是通过培养良好的思维素质,提高人们的智力水平。但这有一个前提,即首先要知道什么思维是正确的思维,只有弄清楚这点我们才能知晓训练的方向。

在现实生活中,思维测评与训练受到社会的重视。企业始终处于市场竞争的最前列,因此感受到的压力也就特别大,要想在激烈的竞争中占有一席之地,就必须有一流的头脑和最新颖的创造力,因此人们对于思维的发展不容忽视。

第三节　思维的分类

人类思维的发展,一般都经历直观动作思维、具体形象思维和抽象逻辑思维三个阶段。成人在解决问题时,这三种思维往往是相互联系、相互补充,共同参与思维活动。如进行科学实验时,既需要高度的科学概括,又需要展开丰富的联想和想象,同时还需要在动手操作中探索问题症结所在。

一、根据思维的凭借物和解决问题的方式,可以把思维分为直观动作思维、具体形象思维和抽象逻辑思维

(一)直观动作思维

直观动作思维又称实践思维,是凭借直接感知,伴随实际动作进行的思维活动。

实际动作便是这种思维的支柱。幼儿的思维活动往往是在实际操作中,借助触摸、摆弄物体而产生和进行的。例如,幼儿在学习简单计数和加减法时,常常借助数手指的实际操作,实际活动一停止,他们的思维便立即停下来。成人也有动作思维,如技术工人在对一台机器进行维修时,一边检查一边思考故障的原因,直至发现问题排除故障为止,在这一过程中动作思维占据主要地位。不过,成人的动作思维是在经验的基础上,在第二信号系统的调节下实现的,这与尚未完全掌握语言的儿童的动作思维相比有着本质的区别。

(二)具体形象思维

形象这一概念,总是和感受、体验关联在一起,即哲学中所说的形象思维。另一个与形象思维相对应而存在的哲学概念——逻辑思维,指的是一般性的认识过程,其中需要更多理性的理解,而不多用感受或体验。

具体形象思维是运用已有表象进行的思维活动。表象便是这类思维的支柱。表象是当事物不在眼前时,在个体头脑中出现的关于该事物的形象。人们可以运用头脑中的这种形象来进行思维活动。

具体形象思维在幼儿期和小学低年级儿童身上表现得非常突出。

(三)抽象逻辑思维

抽象逻辑思维是以概念、判断、推理的形式达到对事物的本质特性和内在联系认识的思维。

概念是这类思维的支柱。概念是反映事物本质属性的一种思维形式,因而抽象逻辑思维是人类思维的核心形态。科学家研究、探索和发现客观规律,学生理解、论证科学的概念和原理以及日常生活中人们分析问题、解决问题等,都离不开抽象逻辑思维。

小学高年级学生的抽象逻辑思维得到了迅速发展,初中生这种思维已开始占主导地位。初中一些学科中的公式、定理、法则的推导、证明与判断等,都需要抽象逻辑思维。

以抽象概念为形式的思维,是人类思维的核心形态。它主要依靠概念、判断和推理进行思维,是人类最基本也是运用最广泛的思维方式。一切正常的人都具备逻辑思维能力,但不同人的逻辑思维能力一定有高下之分。

二、根据思维过程中是以日常经验还是以理论为指导来划分,可以把思维分为经验思维和理论思维

(一)经验思维

经验思维是以日常生活经验为依据,判断生产、生活中的问题的思维。例如,儿童凭自己的经验认为"鸟是会飞的动物";人们通常认为"太阳从东边升起,往西边落下"等都属于经验思维。

(二)理论思维

理论思维是以科学的原理、定理、定律等理论为依据,对问题进行分析、判断的思维。例如,根据"凡绿色植物都是可以进行光合作用的"一般原理,去判断某一种绿色植物的光合作用。科学家、理论家运用理论思维发现事物的客观规律,教师利用理论思维传授科学理论,学生运用理论思维学习理性知识。

三、根据思维结论是否有明确的思考步骤和思维过程中意识的清晰程度,可以把思维分为直觉思维和分析思维

(一)直觉思维

直觉思维是未经逐步分析就迅速对问题答案作出合理的猜测、设想或突然领悟的思维。例如,医生听到病人的简单自述,迅速作出疾病的诊断;公安人员根据作案现场情况,迅速对案情作出判断;学生在解题中未经逐步分析,就对问题的答案作出合理的猜测、猜想等的思维。

(二)分析思维

分析思维是经过逐步分析后,对问题解决作出明确结论的思维。例如,学生解几何题的多步推理和论证;医生面对疑难病症的多种检查、会诊分析等的思维。

四、根据解决问题时的思维方向划分,可以把思维分为演绎思维和归纳思维

(一)演绎思维

演绎思维又称求异思维、辐射思维、发散思维,是从一个目标出发,沿着各种不同途径寻求各种答案的思维。

例如,数学中的"一题多解";科学研究中对某一问题的解决提出多种设想;教育改革的多种方案的提出等的思维。

(二)归纳思维

归纳思维又称求同思维、集中思维、聚合思维,是把问题所提供的各种信息集中起来得出一个正确的或最好的答案的思维。

例如,学生从各种解题方法中筛选出一种最佳解法;工程建设中把多种实施方案经过筛选和比较找出最佳的方案等的思维。

演绎思维与归纳思维都是智力活动不可缺少的思维,都带有创造的成分,而归纳思维最能代表创造性的特征。

五、根据思维的创新成分的多少,可以把思维分为常规思维和创造性思维

(一)常规思维

常规思维是指人们运用已获得的知识经验,按惯常的方式解决问题的思维。例如,学生按例题的思路去解决练习题和作业题,学生利用学过的公式解决同一类型的问题等。

(二)创造性思维

创造性思维是指以新异、独创的方式解决问题的思维。例如,技术革新、科学的发明创造、教学改革等所用到的思维都是创造性思维。

在这么多的思维中,我们理应一种一种介绍,但与中小学生密切相关的思维并不多,我们只重点介绍几种与中小学教育息息相关的思维形式:直观思维中的具体形象思维,抽象逻辑思维中的创新思维,演绎归纳思维(即聚合发散思维)。

第四节　什么是思维能力

思维能力的通俗解释:就是"想"。

人们在工作、学习、生活中每逢遇到问题,总要"想一想",这种"想",就是思维。它是通过分析、综合、概括、抽象、比较、具体化和系统化等一系列过程,对感性材料进行加工并将之转化为理性认识以解决问题的。

我们常说的概念、判断和推理是思维的基本形式。无论是学生的学习活动,还是人类的一切发明创造活动,都离不开思维,思维能力是学习能力的核心。

根据《现代汉语词典》中对"思维能力"的权威解释:

思维能力是各种能力的核心。思维包括分析、综合、概括、抽象、推理、想象等过程。应通过概念的形成、规律的得出、模型的建立、知识的应用等培养思维能力。因此,在学习过程中,不但要学到知识,还要学到科学的思维方法,发展思维能力。要提高思维能力,就要经常用比较法进行学习。

第一,在学习每一个新概念时,不但听老师讲解,还要自己进行比较,找出相似的例子,加深认识。

第二,学到意义相近的概念、规律时加以比较,从多角度、多方面分析其区别与联系。经常用比较法进行学习,可以学会全面分析问题,从多种事物中发现它们的联系、区别和各自特征,使思维的广阔性和深刻性得到提高。

第五节　如何提高中小学生的思维能力

世界上许多事物都很复杂,你必须提高自己的思维能力,才能较好地认识与分析这个世界。

一、提高中小学生思维能力的宏观技巧

(一)灵活使用逻辑。有逻辑思维能力不等于能解决较难的问题,仅就逻辑而言,就有使用技巧问题。现实中人们认为的逻辑思维能力强的,实际上是思想能力强,就是会思考。

(二)参与辩论。思想在辩论中产生,包括自己和自己辩论。

(三)坚守常识。

(四)敢于质疑。包括权威结论和个人结论,如果逻辑上明显解释不通时,就要敢于质疑、勇于质疑。

二、提高中小学生思维能力的具体方法

(一)培养独立思考的习惯。小学阶段的孩子遇到疑难问题,总希望家长和老师给他答案。有些家长和老师直接把答案告诉孩子,这对发展孩子智力没有好处。高明的家长和老师面对孩子的问题,应告诉孩子自己寻找答案的方法,启发孩子运用自己学过的知识和经验去寻找答案。当孩子自己得出答案时,他会充满成就感,而且会产生新的学习动力。

(二)经常处在问题情景之中。当孩子提出问题时,家长和老师要跟孩子一起讨论问题,家长和老师的积极主动对孩子影响很大。特别是弄不懂的问题,可以通过请教他人、查阅资料、反复思考获得圆满答案。这个过程最能提高孩子的思维能力。

(三)一起收集动脑筋的故事和资料。动脑筋的故事和资料很多,有的是真人真事,有的是寓言故事,有的是科普性读物。家长和老师同孩子共同收集、整理,空闲时间翻阅这些资料,讨论感兴趣的问题。

(四)智力竞赛。利用课余时间和节假日进行,家长和老师与孩子轮流做主持人,设立小奖品或其他奖励措施。为了增强气氛,可以请亲友或其他小伙伴参加。

(五)引导孩子一起讨论、设计解决问题的思路、参与解决问题的过程。家长和老师应引导孩子,并与孩子共同讨论、设计解决问题的方案,并付诸实施。这个过程需要分析、归纳、推理,需要设想解决问题的方法与程序,这对于提高孩子的思维能力和解决问题的能力大有帮助。

第二章　具体形象思维能力

第一节　具体形象思维能力概述

一、具体形象思维能力的含义

(一)具体形象思维是运用已有表象进行的思维活动

形象这一概念,总是和感受、体验关联在一起,也就是哲学中所说的形象思维。另一个与形象思维相对应而存在的哲学概念——逻辑思维,指的是一般性的认识过程,其中需要更多理性的理解,而不多用感受或体验。

表象便是这类思维的支柱。表象是当事物不在眼前时,在个体头脑中出现的关于该事物的形象。人们可以运用头脑中的这种形象来进行思维活动。

具体形象思维在幼儿期和小学低年级儿童身上表现得非常突出。

例如儿童计算 $3+4=7$,不是对抽象数字的分析、综合,而是在头脑中用三个手指加上四个手指,或三个苹果加上四个苹果等实物表象相加而计算出来的。形象思维在青少年和成人中,仍是一种主要的思维类型。

又例如,要考虑走哪条路能更快到达目的地,便须在头脑中出现若干条通往目的地的路的具体形象,并运用这些形象进行分析、比较来作出选择。在解决复杂问题时,鲜明生动的形象有助于思维的顺利进行。

艺术家、作家、导演、工程师、设计师等都离不开高水平的形象思维。

学生更需要运用形象思维来理解知识,并以此成为他们发展抽象思维的基础。

(二)具体形象思维的三种水平

具体形象思维具有三种水平:第一种水平的形象思维是幼儿的思维,它只能反映同类事物中的一些直观的、非本质的特征;第二种水平的形象思维是成人对表象进行加工的思维;第三种水平的形象思维是艺术思维,这是一种高级的、复杂的思维形式。通常所说的形象思维是指第一种水平。

二、具体形象思维在中小学生思维运用中所占比重

小学生的思维特点多以具体形象思维为主,高中学生则以抽象逻辑思维为主,初中生则是过渡阶段。

有关权威数据显示:具体形象思维在整个小学的平均比重达到75%左右,抽象逻辑思维只占到25%左右,而且年级越小具体形象思维所占比重越大。

而初中生处于由具体形象思维向抽象逻辑思维过渡的阶段,这一比例大致在40%到60%之间,并且随着年级的提高,抽象逻辑思维的比例也在提高。

三、具体形象思维在中小学生思维中的重大意义

爱因斯坦说过:想象力比知识更重要,因为知识是有限的,而想象力则可以包括宇宙的一切。具体形象思维用在学习中就是想象力。想象力是学习的翅膀,试想,翅膀折断,后果会是怎样?

具体形象思维在中小学生思维中的重大意义在于它是支撑小学生思维飞跃的双翼。

第二节　培养我国中小学生具体形象思维能力的途径

一、如何激活中小学生的形象思维能力

——以语文中小学课堂为例：

由于受苏联式的文学分析法的影响，目前的语文教学仍存在着对课文偏重于作理性的分析，强调深挖细嚼，甚至条分缕析，节外生枝，探求微言大义。这样的教学一方面很难使学生对文学作品中的形象、意境、风格、节奏等做到全面的鉴赏，难以使学生主动地感受到祖国语言文字的特有魅力，也就难以切实有效地完成语文教学的基本任务——语言训练。另一方面，这样的教学着重于对学生进行抽象逻辑思维的训练，而忽略了作为它的基础的至关重要的形象思维的发展。美国心理学家罗杰·佩罗斯对人脑的研究表明：大脑两半球各司其职，功能高度专业化。左脑是处理言语，进行抽象逻辑思维、集中思维、分析思维的中枢；右脑则是处理表象，进行具体形象思维、发散思维，直觉思维的中枢。而人们日常生活中的言语、计算、思考问题等，以习惯使用左脑居多，而与形象思维、求异、创造密切相关的右脑功能，其潜力远远没有发挥出来。从长远看，偏重于抽象逻辑思维训练的教学会使学生的左右脑发展不够均衡，未来公民素质难以做到真正的提高。因而，在阅读教学中不仅要重视对课文作有板有眼的分析，发挥左脑的功能，更要注重那些与右脑功能密切相关的直觉、形象、语感、想象、情感等符合中国语文特点的心理因素。又根据对幼儿思维发展情况的研究，语言的出现要晚于形象思维的出现，而抽象思维的出现又晚于语言的出现，所以，我们提出在低年级语文教学中要重视学生形象思维能力的发展，以课文为例子，以课堂为阵地，以训练为主线，激活学生的形象思维能力。

"激活"即指激发使之活跃、发展。"激活学生形象思维能力"是指教师重视语言文字的形象感受,善于把握语言文字所表达的深厚意蕴,采用适当的方法激发学生展开想象、联想等,训练学生从文字"还原"为头脑中的表象系统,"设身处地",读书入境,在领悟语言文字的同时形象思维能力得到生动活泼地发展。

它包含两方面的涵义:

(1)遵循启发式的原则,创设情感感染的氛围,调动学生思维的兴趣、积极性,激发学生主动地进行形象思维。

(2)针对语言材料的特点,采用生动有效的方法,进行形象思维的训练,活跃学生的形象思维,发展学生的形象思维能力。前者的关键是"激发"——促进学生"主动",即教师要根据学生的年龄特点、认识特点,积极地启发、鼓励,逐步使学生自己有意地对语言文字展开形象思维。这既体现在每一次训练之中,更注重于长期培养学生形成习惯。如,经常表扬联系实际想象得好的同学;鼓励学生质疑大胆想象;增设"创造思维训练课",肯定学生创造的"火花";读写结合,定期展览交流学生诸如"扩写""续写""改写"等体现形象思维能力的"作品"(低年级学生要求写几句话)等,让学生亲身体会到发展形象思维能力的乐趣,有了成就感后更加积极主动。后者的关键是"训练"——发展学生的"能力",即教师要有计划、有意识地在每一堂课、每一篇课文中进行训练,才能切实发展学生的形象思维能力。以上二者是互相联系,互相促进、互相制约、共同发展的。

二、在阅读教学中如何重现并提高学生的形象思维能力

(一)充分运用直观手段

根据学生的认知特点,在阅读教学中教师应充分运用直观手段,引导学生把对词语的理解建立在形象的基础上,通过具体化思维训练,指导学生把抽象的概括的词形象化。在教学中,提供学生形象直观的手段

通常有四种：

1.实物直观，即在方便的条件下，提供学生未见过或不常见的与课文有关的具体实物。它具有鲜明、生动、真实性的优点。

2.模拟直观，即利用复制的幻灯片、图片、图表、模型或演示等手段，提供学生以有关的形象，它可以根据教学的要求以实物进行模拟、放大、缩小，突出重点而略去次要细节，便于教学过程的组织和指导。

3.语言直观，即通过语言的描述以引起学生已有的相关表象的再现，借以理解课文的有关词语。

4.动作姿势直观，有些词语较抽象，如用人体的动作姿势一一显示，学生就会了然于目，意会心中。

教师应根据语言材料的特点，选用适当的直观手段激活学生的形象思维能力。

如：学习《蔬菜》时，提供实物直观，让学生通过观察鲜嫩的蔬菜，建立了生动的"黄花菜""莴笋""扁豆"等形象。《乌鸦喝水》一课，教师采用模拟直观，通过演示的手段，提供给学生"把小石子一个一个放进水里，瓶子里的水渐渐升高"的形象，有助于促进学生对"乌鸦就喝着水了"的理解。为了体会《要下雨了》中天气很"闷"的意思，教师用语言直观启发学生说，下雨前，心里会觉得不舒服，喘不过气，想大口大口地吸气，这就是"闷"，将抽象的"闷"的意思形象化。《小猴子下山》一课有大量动词：掰、扛、摘、捧、抱等。通过动作直观，学生则形象地区别了词义。

另外，低年级课文中特有的看图学词学句，更是要教师利用图片、幻灯片、录相，引导学生把词语的理解建立在视听形象的基础上，发展学生形象思维能力，提高学生的认识。

(二)充分利用"空白"的魅力

小学语文教材大多数选自文学作品。现代接受理论认为，文学作品所使用的语言是一种具有审美功能的表现性语言。文学作品存在着大量的"空白",这些"空白"召唤着读者去完成作品的未尽之意,激发读者积极参与信息的再创造。读者在阐释、领悟、填补空白的过程中,主观能动性得到发展,审美素养和认识能力得到培养。因而,教师要充分利用教材中"空白"的魅力,精心创设暗示性的教学空白,留给学生一个想象的空间、思考的余地,引导他们反复玩味课文,促进他们形象思维能力的发展、审美素养的提高。

对于情节性强、人物形象丰满的课文,如故事、童话等,教师应紧紧抓住最能展现人物特点的"空白",诱导学生积极地参与,展开联想、想象,领会"言外之意""意无穷",深化对人物的理解。

对于中心明确、但缺少情节、形象性不够鲜明的课文,如科学小品、诗歌、散文等,教师则应帮助学生调动相应的生活体验进入规定的情境,启发学生通过想象,发挥移情因素的作用,具体、丰富文章的形象,发展学生的形象思维能力。

如《春风吹》一课,引导学生回想观察过的春天景象,用自己的话说说"吹绿柳树""吹红桃花""吹来燕子""吹醒青蛙"各是怎样的情景。这一问看似是对"绿、红、来、醒"空白的"填补",其实就是一个动员、构建学生头脑中表象系统的工作,教师再适时地出示一幅色彩缤纷的春景图。学生面对生动的画面,形象思维被激发,情感被调动,真正地体会到"春风吹",吹来可爱、美丽的春。最后,教师再进一步要求学生说一说"你喜欢春天吗?为什么?"引导学生将自己对春天的美好感受用生动具体的语言描述出来。就这样一步步地深入,学生在领悟、填补"空白"的同时,形象思维得到发展,受到美的熏陶。

(三)加强语感训练

所谓语感,是指对语言文字的敏锐的丰富的感受力。它包含的心理因素有联想、想象的活动,思维的参与及情感的激发等。语感同形象思维密切相联,它不仅要求学生揣摩语言文字,而且要求学生把语言和生活实际联系起来从而具体领会语言的意蕴,进行"再造性想象"。因而,发展学生形象思维能力就必须加强对他们语感的训练。

加强语感训练主要靠读,特别是朗读,通过学生对朗读过程中的音调、节奏、抑扬顿挫的把握,来感受、品味语言。教学中可设计以下三个环节,体现出训练的层次性:(1)听录音欣赏朗读,渲染情境,激发学生的情感、思维的兴趣,启发学生初步感受课文中的形象。(2)学生试读,集体评议,教师范读,指导、点拨,引导学生揣摩语言文字,进行形象思维。(3)反复练读,熟读吟诵,学生入情入境,带着感受表达语言文字,真正产生语感,发展形象思维能力。

如《达尔文和小松鼠》中有一段描写小松鼠在达尔文身上尽情玩耍的句子。

教师先让学生欣赏配乐朗读,活泼生动的语言、恰如其分的语调、富有情趣的音乐激发了学生的情感和兴趣,他们的脑子里自然而然地兴起小松鼠调皮可爱的形象,为语感的产生打下了基础。教师启发学生谈谈自己听后的感受,从哪些地方感觉出小松鼠调皮可爱。学生找到了"顺着他的腿往上爬""一直爬到肩膀上""坐在肩膀上""左看看,右看看""还翘着小尾巴跟树上的妈妈打招呼"。

接着,让学生试着根据自己想象的画面读这一段。在大家评议"读得像不像,为什么"的基础上,教师有感情范读,引导学生体会如何处理这些词语的音调、节奏、停顿、轻重等,并配合演示活动幻灯片,使学生想象的画面更具体形象,对语言的感受更准确生动。最后,让学生自己反复朗读,还为他们配上音乐,鼓励他们边读边想象,好像事情就发生在眼前,他们带着"小松鼠调皮可爱"的感受"设身处地"地朗读,真正地产生语感,提高形象思维能力。

小学课文中一些常用的副词,如"都""也""又"等,更是通过学生多读来加强语感,发展形象思维能力。

在小学阅读教学中重视学生的形象思维发展,激活学生的形象思维能力,必将对学生中、高年级抽象思维的发展产生积极的影响,有利于阅读能力和欣赏水平的提高。

(四)右脑潜能教育

要做到正确激发学生思维的潜能,我们要引入一个名词——右脑潜能教育。那么什么是右脑潜能教育?

右脑潜能教育是一项针对0~12岁孩子开发潜能的教育,通过一系列科学系统的右脑潜能开发方法促进孩子大脑的生长发育,使得神经元细胞健康发育,神经元细胞间的连接更加紧密,构成信息传递的快速通路,从而将孩子天生具有、还未开发的潜能引导出来,激发右脑的记忆力、专注力、观察力、思维力、想象力、理解力、行为力、创新力、感知力等各项智力潜能。所以说,右脑潜能教育是潜能的教育、素质的教育、提高智商情商的教育。通过右脑开发使孩子变得思维活跃、学习悟性好、求知欲高、好动脑筋,从小养成良好的学习习惯,而且独立学习的能力强、创新思维能力强、智商高、行为情绪控制能力强、情感细腻、情商好。同时由于右脑开发得好也为左脑的发育打下了坚实的基础,孩子智商、情商得到发展,受益终生!

中国研究右脑开发的著名教育专家钱铎博士通过大量教学实际经验表明:右脑与左脑不同,右脑的记忆速度是左脑的100倍,信息存储量是左脑的100万倍,反应速度比左脑快千分之四秒。

人在胎儿期拥有七十二种右脑能力,出生之后只剩下二十几种右脑能力,上了小学到成年之后只剩下可怜的少数右脑能力。而经过右脑开发的孩子在成长的过程中还能保持至少九大右脑能力。

开发右脑潜能可以提升儿童的九大右脑能力。这九大能力如同一幅行星图，围绕着孩子的智商和情商，不断通过外界的信息刺激获得更多的智慧，从而形成自己的个性学习方法，并随着新知识的增长循环利用知识的价值。孩子使用右脑意味着拥有与众不同的智商和情商。

(1)右脑记忆能力——用照相记忆吸收知识

人的认知基础依赖于大量的信息的储存，而储存大量的信息必须依靠惊人的记忆力。在人的大脑里有一个海马照相记忆的功能，位于右脑旧皮质层与颞叶的中端，善于记字符串。

(2)右脑专注能力——孩子专注学习的秘密

在人的大脑里，专注力的领导者是右脑边缘处的前庭器官，信息必须经过外耳到内耳到前庭，然后顺利地在大脑皮质层内作出良好回应才能集中注意力。这个过程做得好的孩子就说明其专注程度高，否则就被称为注意力不集中。

如果把脑波调整到 α 波状态，这时潜意识中的强大自控能力就会被激发出来，促使大脑对这个事物引起关注，如同我们对准某一事物聚焦拍照一样，将这些信息快速地集中起来。专注使效果大大提升，专注力强的孩子记忆力才更加出色。

(3)右脑观察能力——懂得观察是培养兴趣的第一步

观察力受制于空间感知的影响，开发右脑，激活眼内的锥状细胞，瞬间在大脑中形成思维影像，如同摄像机的放大推进功能，拍摄一片叶子，从远及近，从模糊到清晰，从宏观到细微，这片叶子上的经脉纹路都清晰鲜明。儿童就具备了良好的观察能力，能明察秋毫，善于抓住事物的特征和本质。只要加以引导教育，就能让孩子在生活中保持这种状态。

（4）右脑思维能力——善于发现问题的孩子最聪明

与思维能力密切相关的是人脑中的额叶部分，拥有发达额叶的人，思维活跃，看问题不片面，能从不同角度整体地看待事物。善于思考的人，常常在睡梦里有出乎意料的惊人发现，其实是勤于思考念念不忘，无意间打通记忆回路的缘故。孩子如果善于思考，那么做事情就有条理、分轻重缓急，懂得把握时机从关键处着手，不走太多弯路，孩子在成长中能不断发现问题的纠结所在，能自主自立，家长也放心。

（5）右脑想象能力——天才都具备优秀的想象力

天才的想象力通常都很惊人，他们出色的发明和优秀的创造无不是依靠形象思维完成的。爱因斯坦提出宇宙相对论、牛顿从一个苹果发现了万有引力定律，都是想象力引导的产物。但凡天才都是从小开始培养想象力的。拥有丰富的想象力让孩子对事物的探索欲望更加强烈。孩子的兴趣提高，求索精神增强，思维更加活跃，善于寻找对策，创造力比其他人更胜一筹！

（6）右脑理解能力——让孩子学会分析、判断

理解能力出色的孩子领悟力也很强，能举一反三。理解力的提高对培养孩子优秀的审美能力以及文化素养都有很大帮助，创造性思维也随之激发。激发孩子的右脑，提升孩子的理解能力，你就会发现孩子会主动帮着做家务，与人交往举止礼貌，面对陌生人也不怯场。理解力优秀的孩子，情商也出奇地优秀。

（7）右脑创新能力——创造属于自己的个性学习方法

右脑核心部位的脑桥具有"绝境逢生"的潜能，常常能出人意料地作出"创举"，创新能力深藏其中。0～12岁是孩子创造力最旺盛的时期，右脑教育能够充分挖掘孩子的创新能力，从游戏中充分发挥自己的想象力，让孩子能够从小就有自己的想法，鼓励并让孩子的创新思维充分发

挥出来。创新能力出众,随之而来的就是竞争力的出色,面对众多的竞争者,便能从容应对,技压群雄!

(8)右脑行为控制能力——情商好的孩子处处受欢迎

右脑主司情感,决定孩子的行为习惯。良好的行为习惯以及独立的性格能让家长省心省事。孩子能动性提高,生活能自理,自己穿衣、吃饭、读书、写字、收拾课业,不用家长耳提面命、天天催促,孩子自己就能把一切安排得妥妥当当。家长一直唠叨,孩子容易产生厌烦、逆反的心理,拒绝与父母沟通,甚至产生自闭倾向,与周围的人格格不入。右脑教育是爱的教育、个性教育、认同教育,经过右脑开发的孩子对爱的体会比较深刻,容易平心静气地解决自己的问题,继而帮助别人。

(9)右脑感知能力——培养孩子的直觉力

万物之源是波,万物是和波联系在一起的。人具有左脑和右脑意识,右脑意识和这种宇宙能量的宇宙波发生共鸣,就可以将其图像化,从而看到图像,还可以将其变成声音。人脑里的松果体是与直觉有关的器官,当大脑的频率保持在 α 脑波状态下,就能跟宇宙意识同步,拥有心电感应和预知的能力!远古人类的心电感应很强,可以根据宇宙的频率感知数百米之外的事情,能预知很多不可思议的事情。随着科技的发达、机械化程度的提高,人类开始依赖科技、依赖机械,导致自身的机能退化,渐渐丧失感悟预知的能力。

第三章　演绎和归纳逻辑思维能力

第一节　演绎逻辑思维概述

一、演绎逻辑思维的概念

演绎是从一般性的前提出发,通过推导得出具体陈述或个别结论的过程。演绎对人的思维保持严密性、一贯性,有着不可替代的校正作用。它保证推理有效的根据,并不在于它的内容,而在于它的形式。演绎最典型最重要的应用,通常存在于逻辑和数学证明中。

比如,三角形内角和是 180 度,等边三角形属于三角形,所以等边三角形的内角和也是 180 度。

演绎是严格的逻辑推理,一般表现为大前提、小前提、结论的三段论模式:即从两个反映客观世界对象的联系和关系的判断中得出新的判断的推理形式。它的基本要求是:①大、小前提的判断必须是真实的;②推理过程必须符合正确的逻辑形式和规则。演绎推理的正确与否首先取决于大前提,如果大前提错了,结论自然不会正确。

比如,大前提——凡人皆死,小前提——苏格拉底是凡人,结论——苏格拉底必死。

演绎逻辑思维也许是人类最原始的思维方式,从一个小生命诞生后有了思维起,演绎逻辑思维就一直伴随着他茁壮成长。刚出世不久的小孩只有一个概念——吃,他不管拿到什么,只要是嘴能碰到的东西,都会当成美食往嘴里塞。他的思维里只有吃的概念,所有的事物在他看来都是食物,所以才会出现什么都吃的情况。等他长大一点了,学会了如何玩,于是他会把所有的事物当成是玩具,哪怕是一张纸片、一个盖子,在他看来都是上等的玩具,一玩就是老半天。这些看似平常的事如果你能仔细观察、耐心研究,你就会惊喜地发现原来小孩正在学着运用演绎逻辑思维思考问题、开发智力呢。其实人的思维能力本身就是随着人的成长而形成并不断提高的。

二、演绎逻辑思维的特点

正因为演绎逻辑思维如此地普遍,如此地重要,所以我们每个人必须认识和掌握它,把它训练成自己的思维工具,随时随地运用自如。不过要真正掌握一种方法,必须深刻了解它的内涵和具有的特点,这样才能从理论上整体把握,从而用它来指导实践活动的顺利进行。演绎逻辑思维具有方向性、因果性和有效性。

(一)方向性是演绎逻辑思维最显著的特点,即从普通到特殊。普通到特殊之间的这条射线是由两者内在的联系形成的。比如:质数只能分解成 1 和它本身的乘积,2 是质数,所以 2 也只能分解成 1 和它本身的乘积。方向性体现了演绎逻辑思维的过程趋向,体现了推理过程的规范性和结果的必然性,是一种直观的特点。

(二)因果性是演绎逻辑思维的内在特点,演绎是建立在前提和结论之间的因果关系上的。比如,一种称作"铜草"的植物,就是地质学家运用演绎思维方法发现的。他们在勘探时发现,凡是含铜元素丰富的植物,均生长得郁郁葱葱;反之,若铜含量不足,植物则生长不良,叶子细萎,花朵憔悴。于是,地质学家把那些含铜丰富、生长得郁郁葱葱的植物叫做"铜草",它是铜矿的"指示剂"。这种因果关系可以贯穿进演绎逻辑思维的语言表达式中,因为凡是数都可以在数轴上表示出来,5 是实数,所以 5 可以用数轴上的一个点来表示。

(三)有效性是演绎逻辑思维的必然结果。演绎得到的结论没有超出前提提供的知识范围,所以推出的结论是一种必然无误的断定。只要大小前提都正确,演绎得出的结论必定也是正确的,这是演绎逻辑思维最突出的优点。这为人们的思考提供了一条行之有效的便捷之路。

从以上的特点可以看出演绎是一种非常有效、非常简便的推理方法。因此,我们应该学习它、掌握它,并正确地运用它。

三、演绎逻辑思维的作用

演绎逻辑思维的作用是不可估量的,但世上没有十全十美的事物,每个事物由于自身的特性都会存在一定的缺憾。但有些人对此却态度过于偏激,甚至产生了严重的误解,并且大做文章。有人认为演绎逻辑思维的前提已经蕴涵了结论,只能担负起"检验"知识的功能,不能进行思维创新;有人认为演绎逻辑思维属于纯形式推理,是维护"教条"的工具;有人认为演绎逻辑思维追求的是必然性,不适用于非形式逻辑或批判性思维所关注的日常论证;有人认为演绎逻辑思维是静态逻辑,是形式理性,不利于辩证理性水平的提高,等等。在那些人看来好像演绎逻辑思维一文不值,最好是能丢弃。他们过度重视了演绎逻辑思维在形式上的严密性和精确性,却忽视了演绎逻辑在批判性与思维创新等方面的功劳。

(一)演绎逻辑是科学知识或论据系统化的工具。科学知识博大精深,包罗万象,如果毫无头绪地逮到哪个知识就学哪个,不仅消耗时间长,而且效果也不好,东学一点西学一点,零零落落,没有系统性,到最后什么也没学会。演绎逻辑将分散的科学"知识点"依其内在的逻辑联系贯通起来,从而形成严密的理论体系,为学者提供了一条正确的思维路径。一个案子能否破案或一个项目能否执行,都需要有充分的论据论证后才能下结论。但收集论据的过程往往是间断的,收集的论据也往往是分散的,孤立的。演绎逻辑将所有的零散论据组织在一起支持论点,将分散孤立的经验事实和思维创新火花提升为具有系统性的论证资料,供人参考。

（二）演绎逻辑是批判性思维的基础。批判性思维注重的是对既有思维成果或方法的检讨或评判，评判的方式是追问既有思维的正误问题。演绎逻辑是基础。若从前提到结论，演绎逻辑是保真的，即前提正确，过程合乎规则，其结论就一定正确；若从结论到前提，演绎逻辑是保假的，即结论是错误的，说明其前提一定有问题。演绎逻辑是质疑教条的最有力的工具，没有演绎逻辑作为批判性思维中的"硬件"，批判与辩护之间的论争就难以找到"共鸣"的衡量准则。

（三）演绎逻辑是辩证思维现代化的基石。辩证思维在把握认识对象的动态性和整体性方面有着不可替代的认识功能。辩证思维只有通过现代演绎逻辑的严格刻画，才能除却其模糊笼统的缺陷，才能发挥出更强劲的认识功能。

（四）演绎逻辑是抵制后现代"碎片化"思潮的有力武器。事实真理的相对性为后现代"碎片化"思潮提供了"有力"证据，即所谓没有绝对确定的东西存在。然而，演绎逻辑可以证实：逻辑真理是穷尽可能的、普适的、确定的，而不是"碎片"。通过普适的确定的逻辑真理，能够把握相对的事实真理。

（五）演绎逻辑是社会理性化的支柱。在社会转型时期各种思潮蜂拥而至，导致社会氛围出现了"无序""失衡""失范"的现象。演绎逻辑可实现社会发展的动态平衡和有序化、规范化，提高社会理性化程度。

（六）演绎逻辑是思维创新中的重要工具。演绎逻辑自身就具有思维创新的功能。思维创新有两种类型，一是将既有的彰显出来，二是将未有的创造出来。著名的欧几里德的几何学就是演绎逻辑的产物，也是思维创新的成果，特别是现代演绎逻辑，在计算机应用领域中发挥的创新功能是非常强大的。同时演绎逻辑是保证思维创新具有成效性的关键。在解题过程中，由于生发的偶然性和过程的高度浓缩性，人们往往只注意到了直觉、顿悟与灵感的参与，而忽视了演绎逻辑的作用。演绎逻辑是思维创新的得力助手,必须客观对待。

演绎逻辑不是万能的,但没有演绎逻辑是万万不行的。无须鼓吹其功能,也不要误解其现实意义,客观正确地、灵活巧妙地理解和应用演绎逻辑才是明智之举。不管你是推崇者,还是反对者,都必须客观地对待和运用演绎逻辑思维,将其化为自身内在的思维方式、思维能力和思维技巧。

四、演绎推理

所谓演绎推理,就是从一般性的前提出发,通过推导即"演绎",得出具体陈述或个别结论的过程。

关于演绎推理,还存在以下几种定义:①演绎推理是从一般到特殊的推理;②它是前提蕴涵结论的推理;③它是前提和结论之间具有必然联系的推理;④演绎推理就是前提与结论之间具有充分条件或充分必要条件联系的必然性推理。

演绎推理的逻辑形式对于理性的重要意义在于,它对人的思维保持严密性、一贯性有着不可替代的校正作用。这是因为演绎推理保证推理有效的根据并不在于它的内容,而在于它的形式。演绎推理的最典型、最重要的应用,通常存在于逻辑和数学证明中。

演绎推理有三段论、选言推理、假言推理、关系推理等形式。

这里只介绍三段论这一种形式。

三段论是由两个含有一个共同项的性质判断作前提,得出一个新的性质判断为结论的演绎推理。三段论是演绎推理的一般模式,包含三个部分:大前提——已知的一般原理,小前提——所研究的特殊情况,结论——根据一般原理,对特殊情况作出判断。

例如:知识分子都是应该受到尊重的,人民教师都是知识分子,所以,人民教师都是应该受到尊重的。

其中,结论中的主项叫做小项,用"S"表示,如上例中的"人民教师";

结论中的谓项叫做大项,用"P"表示,如上例中的"应该受到尊重";两个前提中共有的项叫做中项,用"M"表示,如上例中的"知识分子"。在三段论中,含有大项的前提叫大前提,如上例中的"知识分子都是应该受到尊重的";含有小项的前提叫小前提,如上例中的"人民教师是知识分子"。三段论推理是根据两个前提所表明的中项 M 与大项 P 和小项 S 之间的关系,通过中项 M 的媒介作用,从而推导出确定小项 S 与大项 P 之间关系的结论。

知识窗

演绎推理的发展及巨大的推动力

亚里士多德(公元前 384—公元前 322)是古代知识的集大成者。在现代欧洲的学术上的文艺复兴以前,虽然也有一些人在促进我们对自然界的特殊部分的认识方面取得可观的成绩,但是,在他死后的数百年间从来没有一个人像他那样对知识有过那样系统的考察和全面的把握,所以,他在科学史上占有很高的地位。是主张进行有组织地研究演绎推理的第一人。

作为自然科学史上第一个思想体系的光辉的例子是欧几里得(公元前 325—公元前 265)几何学。古希腊的数学家欧几里得是以他的《几何原本》而著称于世的。他的巨大历史功勋不仅在于建立了一种几何学,而且在于首创了一种科研方法。这方法所授益于后人的,甚至超过了几何学本身。欧几里得是第一个将亚里士多德用三段论形式表述的演绎法用于构建实际知识体系的人,他的几何学正是一门严密的演绎体系,它从为数不多的公理出发推导出众多的定理,再用这些定理去解决实际问题。比起欧几里得几何学中的几何知识而言,它所蕴涵的方法论意义更重大。事实上,欧几里得本人对他的几何学的实际应用并不关心,他关心的是他的几何体系内在逻辑的严密性。欧几里得的几何学是人类知识史上的一座丰碑，它为人类知识的整理、系统阐述提供了一种模式。从此以后，将人类的知识整理为从基本概念、公理或定律出发的严密的演绎体系成为人类的梦想。

斯宾诺莎（1632—1677）的伦理学就是按这种模式阐述的，牛顿（1642—1727）的《自然哲学的数学原理》同样如此。其实，他的这部巨著的主要内容都是前人经验的积累，欧几里得的贡献在于他从公理和公式出发，用演绎法把几何学的知识贯穿起来，揭示了一个知识系统的整体结构。他破天荒地开辟另一条大路，即建立了一个演绎法的思想体系。直到今天，他所创建的这种演绎系统和公理化方法，仍然是科学工作者不可须臾离开的东西。

后来的科学巨人、英国物理学家、经典电磁理论的奠基人麦克斯韦（1831—1879）、牛顿、爱因斯坦（1879—1955）等，在创建自己的科学体系时，无不是对这种方法的成功运用。

西方欧几里得几何方法，由公理到定理再到证明；笛卡尔（1596—1650）的演绎推理成为西方近代科学发展的重要推理形式，牛顿力学就是例子。牛顿虽然声明过"我不需要假设"，但实际上，他仍然需要假设。不用假设，他就无法得到"万有引力"这样的普遍命题和普遍规律。麦克斯韦则在得到麦克斯韦方程组同时应用了三种方法，他在1865年写了三篇文章：第一篇用归纳法，第二篇用类比法，第三篇用演绎法，推出电磁波存在，并预言了光是电磁波。

再例如，古希腊的原子概念、原子论，"它的价值不仅在于提出了一切物质由'原子'构成的想法，更重要的可能还在于：它隐含了一种假设——演绎推理模式"。

爱因斯坦说：理论家的工作可分成两步，首先是发现公理，其次是从公理推出结论。哪一步更难些呢？如果科研人员在学生时代已经得到很好的基本理论、逻辑推理和数学的训练,那么,他走第二步时,只要"相当勤奋和聪明,就一定能够成功"。至于第一步,如何找出演绎出发点的公理,则具有完全不同的性质。这里没有一般的方法,"科学家必须在庞杂的经验事实中间抓住某些可用精密公式来表示的普遍特性,由此探求自然界的普遍原理",请注意"经验事实"这几个字,它们表明了爱因斯坦方法论中的主流是唯物主义。公理必须来自客观实际,而不能主观臆造,否则就有陷进唯心主义泥潭的危险。爱因斯坦还说:"适用于科学幼年时代以归纳为主的方法,正让位于探索性的演绎法"。

爱因斯坦的方法既然主要是演绎的,所以他特别强调思维的作用,尤其是想象力的作用,数学才能,这是演绎法所必不可少的。

演绎推理是严格的逻辑推理,一般表现为大前提、小前提、结论的三段论模式:即从两个反映客观世界对象的联系和关系的判断中得出新的判断的推理形式。如:"自然界一切物质都是可分的,基本粒子是自然界的物质,因此,基本粒子是可分的。"演绎推理的基本要求是:一是大、小前提的判断必须是真实的;二是推理过程必须符合正确的逻辑形式和规则。演绎推理的正确与否首先取决于大前提的正确与否,如果大前提错了,结论自然不会正确。

第二节　归纳思维能力概述

一、什么是归纳法

(一)归纳法的含义

归纳法是一种由个别到一般的论证方法。它通过许多个别的事例或分论点,然后归纳出它们所共有的特性,从而得出一个一般性的结论。归纳法可以先举事例再归纳结论,也可以先提出结论再举例加以证明。前者即我们通常所说之归纳法,后者我们称为例证法。例证法就是一种用个别、典型的具体事例证明论点的论证方法。归纳法是从个别性知识,引出一般性知识的推理,是由已知真的前提,引出可能真的结论。

它把特性或关系归结到基于对特殊的代表的有限观察的类型;或公式表达基于对反复再现的现象的模式的有限观察的规律。

例如,在如下特殊的命题中使用归纳法:

冰是冷的。

推断出普遍的命题如:

所有冰都是冷的。或:在太阳下没有冰。

人们在归纳时往往加入自己的想法,而这恰恰帮助了人们的记忆。

归纳法也是数学研究方法之一,通过样本信息来推断总体信息的技术。要做出正确的归纳,就要从总体中选出样本,这个样本必须足够大而且具有代表性。

比如在我们买葡萄的时候就用了归纳法,我们往往先尝一颗,如果很甜,就归纳出所有的葡萄都是很甜的,就放心地买上一大串。

(二)归纳法有三个步骤

1.收集材料信息,收集所面对问题的相关信息材料;

2.整理材料信息,将材料通过分类排列,显示其中的规律性、条理性。

3.概括抽象,对材料进行分析比较,把无关的、非本质的东西去掉,最后把事物的本质和规律显示出来。

中小学生培养归纳能力的过程是一个循序渐进的过程,也是其能力相应发展提高的阶段,在平时学习过程中,不断地进行有针对性的训练,就一定能早日形成科学的归纳习惯。

二、归纳推理

(一)归纳推理的含义

所谓归纳推理,就是从个别性知识推出一般性结论的推理。归纳推理也可称为归纳方法。完全归纳推理,也叫完全归纳法。不完全归纳推理,也叫不完全归纳法。归纳方法,还包括提高归纳前提对结论确证度的逻辑方法,即求因果方法,求概率方法,统计方法,收集和整理经验材料的方法等。

例如:直角三角形内角和是180度;锐角三角形内角和是180度;钝角三角形内角和是180度;直角三角形、锐角三角形和钝角三角形全部是三角形;所以,一切三角形内角和都是180度。这个例子从直角三角形、锐角三角形和钝角三角形内角和分别都是180度这些个别性知识,推出了"一切三角形内角和都是180度"这样的一般性结论,就属于归纳推理。

(二)归纳推理的分类

传统上,根据前提所考察对象范围的不同,把归纳推理分为完全归纳推理和不完全归纳推理。完全归纳推理考察了某类事物的全部对象,不完全归纳推理则仅仅考察了某类事物的部分对象,并进一步根据前提是否揭示对象与其属性间的因果联系,把不完全归纳推理分为简单枚举归纳推理和科学归纳推理。

现代归纳逻辑则主要研究概率推理和统计推理。

归纳推理的前提是其结论的必要条件。

首先,归纳推理的前提必须是真实的,否则,归纳就失去了意义。

其次,归纳推理的前提是真实的,但结论却未必真实,而可能为假。

如根据某天有一只兔子撞到树上死了,推出每天都会有兔子撞到树上死掉,这一结论很可能为假,除非一些很特殊的情况发生,比如地理环境中发生了什么异常使得兔子必以撞树为快。

1.完全归纳推理

完全归纳推理是根据某类事物每一对象都具有某种属性,从而推出该类事物都具有该种属性的结论。

例如:"已知欧洲有矿藏,亚洲有矿藏,非洲有矿藏,北美洲有矿藏,南美洲有矿藏,大洋洲有矿藏,南极洲有矿藏,而欧洲、亚洲、非洲、北美洲、南美洲、大洋洲、南极洲是地球上的全部大洲,所以,地球上所有大洲都有矿藏。"

完全归纳推理的特点是：在前提中考察了一类事物的全部对象，结论没有超出前提所断定的知识范围，因此，其前提和结论之间的联系是必然的。

运用完全归纳推理要获得正确的结论，必须满足两条要求：

（1）在前提中考察了一类事物的全部对象。

（2）前提中对该类事物每一对象所作的断定都是真的。

2.不完全归纳推理

不完全归纳推理是根据某类事物部分对象都具有某种属性，从而推出该类事物都具有该种属性的结论。

不完全归纳推理包括简单枚举归纳推理和科学归纳推理。

（1）简单枚举归纳推理

在一类事物中，根据已观察到的部分对象都具有某种属性，并且没有遇到任何反例，从而推出该类事物都具有该种属性的结论，这就是简单枚举归纳推理。比如，被誉为"数学王冠上的明珠"的"哥德巴赫猜想"就是用了简单枚举归纳推理提出来的。

200多年前，德国数学家哥德巴赫发现，一些奇数都分别等于三个素数之和。

例如：$17=3+3+11$　　$41=11+13+17$　　$77=7+17+53$　　$461=5+7+449$

哥德巴赫并没有把所有奇数都列举出来（事实上也不可能），只是从少数例子出发就提出了一个猜想：所有大于5的奇数都可以分解为三个素数之和。他把这个猜想告诉了数学家欧拉。欧拉肯定了他的猜想，并补充提出猜想：大于4的偶数都可以分解为两个素数之和。

例如：$10=5+5$　　$14=7+7$　　$18=7+11$　　$462=5+457$

前一个命题可以从这个命题得到证明，这两个命题后来合称为"哥德巴赫猜想"。

民间的许多谚语,如"瑞雪兆丰年""月晕而风,础润而雨""鸟低飞,披蓑衣"等,都是根据生活中多次重复的事例,用简单枚举归纳推理概括出来的。

简单枚举归纳推理的逻辑形式如下:S_1 是 P,S_2 是 P……Sn 是 P。$S_1,S_2,\cdots,S_n$ 是 S 类的部分对象,并且其中没有 S 不是 P,所以所有 S 都是(或不是)P。

简单枚举归纳推理的结论是或然的,因为其结论超出了前提所断定的知识范围。

数学家华罗庚在《数学归纳法》一书中,对简单枚举归纳推理的或然性做了很好的说明:

从一个袋子里摸出来的第一个是红玻璃球,第二个是红玻璃球,甚至第三个,第四个,第五个都是红玻璃球时,我们立刻就会猜想:"是不是袋子里所有的球都是红玻璃球"。但是,当我们有一次摸出一个白玻璃球时,这个猜想失败了。这时,我们会出现另一个猜想:"是不是袋里的东西全都是玻璃球"。当有一次摸出一个木球时,这个猜想又失败了。那时,我们又会出现第三个猜想:"是不是袋里的东西都是球"。这个猜想对不对,还必须继续加以检验,要把袋里的东西全部摸出来,才能见分晓。

要提高简单枚举归纳推理的可靠性,必须注意以下两条要求:

①枚举的数量要足够多,考察的范围要足够广。

②考察有无反例。

通常把不注意以上两条要求因而样本过少、结论明显为假的简单枚举归纳推理称为"以偏赅全"或"轻率概括"。

鲁迅在《内山完造作序》里写道:"一个旅行者走进了下野的有钱的大官的书斋,看见有许多很贵的砚石,便说中国是'文雅的国度';一个观察者到上海来一下,买几种猥亵的书和图画,再去寻寻奇怪的观览物事,便说中国是'色情的国度'。"在这篇文章中,鲁迅更进一步揭示了此类人因为枚举的数量不够多或考察的范围不够广,不注意考察有无反例,以致"以偏赅全"或"轻率概括"而最后必然要陷入的窘境:"倘到穷文人的家里或者寓里去,不但无所谓书斋,连砚石也不过用着两角钱一块的家伙。一看见这样的事,先前的结论就通不过去了,所以观察者也就有些窘。"

简单枚举归纳推理是归纳推理中最简单的一种方法。但是,尽管如此,其意义却不可忽视。

①简单枚举归纳推理有助发现的作用。当还不能找到概括的充分根据,但已有相当的材料时,就要运用简单枚举归纳推理,作出初步概括,推出一个或然性结论,以作为进一步研究的起点。因而,形成假说时常用到简单枚举归纳推理。

②简单枚举归纳推理也可以用作论证的方法,在论证过程中发挥一定的作用。

比如,胡适晚年有这样一段谈话:"凡是大成功的人,都是有绝顶聪明而肯做笨功夫的人。不但中国如此,西方也如此。"

像孔子,他说"吾尝终日不食,终夜不寝,以思,无益,不如学也"。这是孔子做学问的功夫。孟子就差了。汉代的郑康成的大成就,完全是做的笨功夫。宋朝的朱夫子是一个绝顶聪明的人,他十五六岁时就研究禅学,中年以后才改邪归正。他说的"宁详毋略,宁近毋远,宁下毋高,宁拙毋巧十六个字,我时常写给人家的。他的《四书集注》,除了《大学》早成定本外,其余仍是随时修改的。现在的《四书集注》,不知是他生前已经印行的本子,还是他以后修改未定的本子。如陆象山、王阳明,也是第一等聪明的人。像顾亭林,少年时大气磅礴,中年时才做实学,做笨的功夫,你看他的成就!"

在这里,胡适为了论证"凡是大成功的人,都是有绝顶聪明而肯做笨功夫的人"的观点,用的就是简单枚举归纳推理。

(2)科学归纳推理

科学归纳推理是根据某类事物中部分对象与某种属性间因果联系的分析,推出该类事物具有该种属性的推理。

例如:金受热后体积膨胀;银受热后体积膨胀;铜受热后体积膨胀;铁受热后体积膨胀;因为金属受热后,分子的凝聚力减弱,分子运动加速,分子彼此距离加大,从而导致膨胀,而金、银、铜、铁都是金属;所以,所有金属受热后体积都膨胀。上例在前提中不仅考察了一类事物的部分对象有某种属性,而且进一步指出了对象与属性之间的因果联系,由此推出结论。这就是科学归纳推理。

科学归纳推理的形式如下:S_1 是 P,S_2 是 P……Sn 是 P。S_1,S_2,…,S_n 是 S 类的部分对象,其中没有 Si($1 \leqslant i \leqslant n$)不是 P;并且科学研究表明,S 和 P 之间有因果联系。所以,所有 S 都是 P。

科学归纳推理与简单枚举归纳推理相比,有共同点和不同点:

它们的共同点是:都属于不完全归纳推理,前提中都只是考察了一类事物的部分对象,结论则都是对一类事物全体的断定,断定的知识范围超出前提。

简单枚举归纳推理与科学归纳推理的不同点是:

①推理根据不同。简单枚举归纳推理仅仅根据已观察到的部分对象都具有某种属性,并且没有遇到任何反例。科学归纳推理则不是停留在对事物的经验的重复上,而是深入进行科学分析,在把握对象与属性之间因果联系的基础上作出结论。

②前提数量对于两者的意义不同。对于简单枚举归纳推理来说,前提中考察的对象数量越多,范围越广,结论就越可靠。对于科学归纳推理来说,前提的数量不具有决定性的意义,只要充分认识对象与属性之

间的因果联系,即使前提的数量不多,甚至只有一两个典型事例,也能得到可靠结论。正如恩格斯所说,十万部蒸汽机并不比一部蒸汽机更能说明热能转化为机械能。

佛教《百喻经》中有一则故事说到,从前有一位富翁想吃芒果,打发他的仆人到果园去买,并告诉他:"要甜的,好吃的,你才买。"仆人拿好钱就去了。到了果园,园主说:"我这里树上的芒果个个都是甜的,你尝一个看。"仆人说:"我尝一个怎能知道全体呢?我应当个个都尝过,尝一个买一个,这样最可靠。"仆人于是自己动手摘芒果,摘一个尝一口,甜的就都买回去。带回家去,富翁见了,觉得非常恶心,一齐都扔了。

这则故事非常有讽刺意味地说明了,简单枚举归纳推理在有些情况下是又笨又懒的办法,其笨在重复,其懒在不思考。当我们观察到一些 S 具有属性 P 后,应当开始思考,为什么这些 S 会有属性 P 呢?也就是,去弄清楚 S 和 P 究竟有没有因果联系。通过把握对象与属性之间的因果联系,我们就可以尝数个芒果而知一棵树上全部芒果是甜还是不甜。比如,我们可以想到,芒果的甜与不甜和园中土壤、日照等有因果联系,因而同一座园起码同一棵树的芒果其甜味是差不太多的。

③结论的可靠性不同。虽然二者的前提和结论之间的联系是或然的,归纳强度不必然等于1。但科学归纳推理考察了对象与属性之间的因果联系,因而,科学归纳推理的归纳强度比简单枚举归纳推理的归纳强度大,也就是说,科学归纳推理与简单枚举归纳推理相比,结论的可靠程度大。

科学归纳推理倡导一种面对知识和结论不轻信而加以思考的习惯。这种习惯在资讯发达的时代尤显重要。想想,我们的媒体经常给我们传播一些多么自相矛盾的"科学知识",这一点就不难明白了。比如,媒体有时候说,饭后百步走好;有时候又说,饭后百步走不好。再如,有时候说,隔夜茶不能喝,喝了有害健康;有时候又说,研究表明,隔夜茶可以喝,与喝非隔夜茶一样。诸如此类,叫人简直不知所措。而科学归纳推理由于其主要特点是考察对象与属性之间的因果联系,因而有助于引导人们去探求事物的本质,发现事物的规律,从而比较可靠地把感性认识提升到理性认识。

举一个归纳推理的生活例子。

一个人看见一群乌鸦是黑的,于是断言:天下乌鸦一般黑。

当看到天空乌云密布、燕子低飞、蚂蚁搬家等现象时,我们会得到一个判断:天要下雨了。

(三)归纳推理的方法

归纳推理要以个别性知识为前提,为了获得个别性知识,就必须收集经验材料,收集经验材料的方法有观察、比较、归类、分析与综合、抽象与概括等。

1.观察

这里所说的"观察"是"科学的观察"的简称。一般来说,人们把外界的自然信息通过感官输入大脑,经过大脑的处理,形成对外界的感知,就是观察。然而,盲目的、被动的感受过程不是科学的观察。科学的观察是在一定的思想或理论指导下,在自然发生的条件下进行的(不干预自然现象)有目的的、主动的观察。科学的观察往往不是单纯地靠眼、耳、鼻、舌、身五官去感受自然界所给予的刺激,而要借助一定的科学仪器去考察、描述和确认某些自然现象的自然发生。

观察要遵循客观性原则,对客观存在的现象应如实观察。如果观察失真,便不能得到真实可靠的结论。但是,说观察要遵循客观性原则,并不是说在观察时应当不带有任何理论观点。理论总是不同程度地渗透在观察之中。提出观察要客观,是要求用正确的理论来观察事物,以免产生主观主义。理论对观察的渗透,说明了主体在观察中的能动作用。氧的发现过程生动地体现了理论对观察的作用。

1774年8月,英国科学家普利斯特里在用聚光透镜加热氧化汞时得到了氧气,他发现物质在这种气体里燃烧比在空气中更强烈,由于墨守陈旧的燃素说,他称这种气体为"脱去燃素的空气"。1774年,法国著名的化学家拉瓦锡正在研究磷、硫以及一些金属燃烧后质量会增加而空气减少的问题,大量的实验事实使他对燃素理论发生了极大怀疑。正在这时,普利斯特里来到巴黎,把他的实验情况告诉了拉瓦锡,拉瓦锡立刻意识到他的英国同事的实验的重要性。他马上重复了普利斯特里的实验,果真得到了一种支持燃烧的气体,他确定这种气体是一种新的元素。1775年4月拉瓦锡向法国巴黎科学院提出报告——金属在煅烧时与之相化合并增加其重量的物质的性质——公布了氧的发现。实际上,在普利斯特里发现氧气之前,瑞典化学家舍勒也曾独立地发现了氧气,但他把这种气体称为"火空气"。氧的发现过程正如恩格斯在《资本论》第二卷序言中所说的:"普利斯特里和舍勒已经找出了氧气,但不知道他们找到的是什么。他们不免为现有燃素范畴所束缚。这种本来可以推翻全部燃素观点并使化学发生革命的元素,没有在他们手中结下果实。……(拉瓦锡)仍不失为氧气的真正发现者,因为其他两位不过找出了氧气,但一点儿也不知道他们自己找出了什么。"

当对象的性质使人们难以实际作用于对象(比如在天文学研究中)或者研究对象的特点要求避免外界干扰(如在许多心理学的研究中)时,最适用的收集经验材料的方法就是观察了。

观察方法有一定局限性:

第一,观察只能使我们看到现象,却看不到本质。现象是事物的外部联系和表面特征,是事物的外在表现。本质是事物的内部联系,是事物内部所包含的一系列必然性、规律性的综合。恩格斯说:"单凭观察所得到的经验,是决不能充分证明必然性的。"

第二,观察有时无法区分真相与假象。比如,由于地球在运动,所以我们在地球上观察恒星的相互位置,好像发生了很大的变化,这在天文学上称为"视运动",可是视运动并不是天体的真实运动。

2.比较

比较是确定对象共同点和差异点的方法。通过比较,既可以认识对象之间的相似,也可以了解对象之间的差异,从而为进一步的科学分类提供基础。运用比较方法,重要的是在表面上差异极大的对象中识"同",或在表面上相同或相似的对象中辨"异"。正如黑格尔所说:"假如一个人能看出当前即显而易见的差别,譬如,能区别一支笔和一头骆驼,我们不会说这人有了不起的聪明。同样,另一方面,一个人能比较两个近似的东西,如橡树和槐树,或寺院与教堂,而知其相似,我们也不能说他有很高的比较能力。我们所要求的,是要能看出异中之同和同中之异。"

在进行比较时必须注意以下几点:

第一,要在同一关系下进行比较。也就是说,对象之间是可比的。如果拿不能相比的东西来勉强相比,就会犯"比附"的错误。比如,木之长是空间的长度,夜之长是时间的长度,二者不能比长短。

第二,选择与制定精确的、稳定的比较标准。比如,在生物学中广泛使用生物标本,地质学中广泛使用矿石标本,用它们来证识不同品种的生物和矿石。这些标本就是比较的标准。现在研究陨石或登月采集的月岩物质,也是将它们同地球上的矿石标本比较。

第三,要在对象的实质方面进行比较。例如比较两位大学生谁更优秀,必须就他们的思想品德、学习成绩、实践能力等实质方面进行比较,而不是就性别、籍贯、家庭贫富等方面进行比较。

3.归类

归类是根据对象的共同点和差异点,把对象按类区分开来的方法。

通过归类,可以使杂乱无章的现象条理化,使大量的事实材料系统化。归类是在比较的基础上进行的。通过比较,找出事物间的相同点和差异点,然后把具有相同点的事实材料归为同一类,把具有差异点的事实材料分成不同的类。如全世界 40 万种左右植物,可把它们归为四大类(门):藻菌植物门、苔藓植物门、蕨类植物门和种子植物门。由门再往下分可以得出纲、目、科、属、种各级单位。

例如,以达尔文生物进化论为基础建立起来的生物自然分类系统,曾预言了许多当时尚未发现的过渡性生物。始祖鸟就是达尔文所预言并被人找到的一种。始祖鸟是介于爬虫类和鸟类之间的中间类型。它把这两类动物之间的空隙填补起来了,说明鸟类是由爬虫类演变而来的。

4.分析与综合

分析就是将事物"分解成简单要素"。综合就是"组合,结合,凑合在一起"。也就是说,将事物分解成组成部分、要素,研究清楚了再凑合起来,事物以新的形象展示出来。这就是采用了分析与综合的方法。如,分析一篇英文文章的结构,先是得到句子、单词,最后得到 26 个字母;反过来,综合是由字母组成单词、句子,再由句子组成文章,这些是文法所要研究的题材。再如,白色的光经过三棱镜,分解成红橙黄绿青蓝紫七色光;反过来,七色光又合成白色光。这就是光谱的分析与综合,由此可以解释彩虹的成因。分析和综合是两种不同的方法,它们在认识方向上是相反的,但它们又是密切结合、相辅相成的。一方面,分析是综合的基础;另一方面,分析也依赖于综合,没有一定的综合为指导,就无从对事物作深入分析。

5.抽象与概括

抽象是人们在研究活动中,应用思维能力,排除对象次要的、非本质的因素,抽出其主要的、本质的因素,从而达到认识对象本质的方法。

概括是在思维中把对象本质的、规律性的认识,推广到所有同类的其他事物上去的方法。如发现"能导电"这一"金属"的共同本质后,可把这种共同的本质推广到全部金属上去,概括出全部金属都具有"能导电"的本质属性。

(四)归纳推理和演绎推理的区别与联系

归纳推理和演绎推理既有区别、又有联系。

1.区别

(1)思维进程不同。归纳推理的思维进程是从个别到一般,而演绎推理的思维进程不是从个别到一般,而是一个必然地得出的思维进程。

演绎推理不是从个别到一般的推理,但也不仅仅是从一般到个别的推理。演绎推理可以从一般到一般,比如从"一切非正义战争都是不得人心的"推出"一切非正义战争都不是得人心的";可以从个别到个别,比如从"罗吉尔·培根不是那个建立新的归纳逻辑学说的培根"推出"那个建立新的归纳逻辑学说的培根不是罗吉尔·培根";可以从个别和一般到个别,比如从"这个物体不导电"和"所有的金属都导电"推出"这个物体不是金属";还可以从个别和一般到一般,比如从"你能够胜任这项工作"和"有志者事竟成"或者"你不能够胜任这项工作"推出"有志者事竟成"。在这里,应当特别注意的是,归纳推理中的完全归纳推理,其思维进程既是从个别到一般,又是必然地得出。

(2)对前提真实性的要求不同。演绎推理不要求前提必须真实,归纳推理则要求前提必须真实。

(3)结论所断定的知识范围不同。演绎推理的结论没有超出前提所断定的知识范围。归纳推理除了完全归纳推理,结论都超出了前提所断定的知识范围。

(4)前提与结论间的联系程度不同。演绎推理的前提与结论间的联系是必然的,也就是说,前提真实,推理形式正确,结论就必然是真的。归纳推理除了完全归纳推理前提与结论间的联系是必然的外,前提和结论间的联系都是或然的,也就是说,前提真实,推理形式也正确,但不能必然推出真实的结论。

2.联系

(1)演绎推理如果要以一般性知识为前提(演绎推理未必都要以一般性知识为前提),则通常要依赖归纳推理来提供一般性知识。

(2)归纳推理离不开演绎推理。

其一,为了提高归纳推理的可靠程度,需要运用已有的理论知识,对归纳推理的个别性前提进行分析,把握其中的因果性、必然性,这就要用到演绎推理。

其二,归纳推理依靠演绎推理来验证自己的结论。例如,俄国化学家门捷列夫通过归纳发现元素周期律,指出,元素的性质随元素原子量的增加而呈周期性变化。后用演绎推理发现,原来测量的一些元素的原子量是错的。于是,他重新安排了它们在周期表中的位置,并预言了一些尚未发现的元素,指出周期表中应留出空白位置给未发现的新元素。

逻辑史上曾出现两个相互对立的派别——全归纳派和全演绎派。全归纳派把归纳说成唯一科学的思维方法,否认演绎在认识中的作用。全演绎派把演绎说成是唯一科学的思维方法,否认归纳的意义。这两种观点都是片面的。正如恩格斯所说:"归纳和演绎,正如分析和综合一样,是必然相互联系着的。不应当牺牲一个而把另一个捧到天上去,应当把每一个都用到该用的地方。而要做到这一点,就只有注意它们的相互联系,它们的相互补充。"

三、教师如何培养学生的归纳思维能力

(一)培养归纳思维能力的意义及现状

思维能力包括分析、综合、概括、比较、归纳、推理等能力。其中归纳思维,是指从个别事实走向一般概念结论的一种思维活动。在教学中发现,很少有同学能主动地对已学过的知识进行整理归纳;缺少推理归纳的得出结论的办法;碰到多过程的需要推理归纳的计算题一筹莫展。究其原因,很重要的一点是学生没有掌握归纳的基本方法,平时缺少分析归纳的训练,没有形成能力。

(二)中小学生学习过程中常用的归纳方法

常用的归纳方法是完全归纳法和不完全归纳法。

1.完全归纳法是根据一类事物中每一个个体都具有某一属性,从而推出该类事物全体都具有该属性的推理。完全归纳推理的结论一般比较严谨可靠。

2.不完全归纳法是根据事物的部分对象具有某种属性,从而得出该类事物全部对象都具有这种属性的推理方法。不完全归纳推理是一种或然性的推理,带有想象、猜测的成分,却是一种极富有创造性的推理。

(三)培养归纳思维能力的几个有效途径

1.教给学生归纳的方法

归纳法一般有三个步骤:第一步是收集材料,收集和所研究的问题有关的各种材料。第二步是整理材料,将材料通过分类、排列,显示出其中的规律性。第三步是概括抽象,对材料进行分析比较,把无关的、非本质的东西排除掉,最后把事物的本质和规律显示出来。

第三步中寻找本质时常用的措施有:

(1)寻找共同点:分析被研究的物理对象出现的物理情景,如果物理情景中都有一个共同的因素,则这个共同的因素应与被研究的物理对象

的出现有因果联系。例如在学习能量的转化与守恒时,我们找了大量的材料,涉及物理、化学、生物、医学等方面,分析每个例子,发现他们的共同点是:能量之间是可以相互转化的,且在转化过程中总量保持不变,于是就可以得出能量的转化和守恒定律。

(2)寻找不同点:通过对被研究的物理对象出现和不出现的两个物理情景分析,寻找两个物理情景的不同点,并分析是否只有一个因素不同,如果是,不同的那个因素应该与研究的物理对象的出现有联系。如在探究感应电流的产生条件时演示两个实验,一个是导体棒上下运动,发现无感应电流产生;另一个是导体棒水平运动,结果产生了感应电流。比较两个过程只有一个不同点:第一种情况没切割磁感线,第二种情况切割了磁感线,于是得出闭合电路的一部分导体棒切割磁感线时可以产生感应电流。

(3)寻找共同变化量:通过对被研究的物理现象发生变化的若干物理情景分析,寻找物理情景中是否只有一个因素发生相应变化,如果是,那么这个发生了相应变化的因素与被研究现象之间应该有必然联系。如在探究单摆周期的影响因素时,两个摆的小球完全相同,摆角相同,但摆长不相同,结果发现单摆的周期不同。重做几次,得到的是相同结果。摆长不同这个因素应是引起周期变化的原因,可推出周期应与摆长有关。

2.培养学生自觉整理归纳的意识和习惯

在学习过程中使学生养成自觉整理归纳的习惯,对学生今后的发展有很大的帮助。学习中总会遇到相似的物理概念、规律,这时应引导学生进行比较、归纳,这样才能更突出其中的本质与区别,加深对知识的理解,完善学生的知识结构。不经过归纳思维加工,很难把前后知识同化。

3.从探究规律的过程中培养分析归纳能力

在教学中,我们要让学生主动参与到知识的获取过程中,让他们提出问题、查找资料、设计实验,从分析具体材料、实验现象、实验数据,寻找各个量之间的联系,到学生总结归纳出理性结论。他们体验了物理规律的得出,同时对知识有更深的理解,这样学生的学习探究过程就变为发展分析推理归纳能力的过程。久而久之,学生的思维能力就会得到提高。

4.在解题过程中培养归纳推理能力

技能的训练和能力的培养离不开解题,解题是学生牢固掌握基础知识和基本技能的必要途径,也是运用知识和培养能力的重要途径。归纳能力也在解题中逐渐得到培养,平时有目的的选择需要推理归纳的题来训练学生,就能培养学生这方面的能力。

(四)在应用归纳法时注意几点

1.学习过程就是犯错、汲取教训、改正、巩固的过程,不可能一下就会达到较高的水平。

2.加强对归纳推理得出的结论的分析与论证,我们得出的结论一般是用不完全归纳法得出的,因为没有包括所有的研究对象,就可能存在与之不符合、相矛盾的情况。

3.归纳能力的培养过程,是一个循序渐进的过程,也是其他能力相应发展的过程。只要我们多给学生锻炼的机会,就能达到培养能力的目标。

知识窗

生活中的一些"演绎归纳逻辑推理"的故事

1.有这样一位主人,请甲乙两位客人吃饭。他和甲来到饭馆里,等了好长一会,乙还没来。主人自言自语说:"哎,该来的还没有来。"甲听后心想:"我不是该来的吗? 那我走吧。"主人没意识到他的话经推理会得出一个与自己意愿相违的结论,竟把甲给气走了。

这里,甲的想法(即思维过程)是这样的:

该来的是还没来的;

我不是还没来的;

所以,我不是该来的。

这就是一个直言三段论。

2.在刑事侦查的伊始阶段,被列入调查范围的人或事往往比较多,因此常常要对其中的某些对象或情节给予否定,以缩小调查范围,确定犯罪分子,这时就要运用假言推理的否定式。例如:对于某盗窃案的嫌疑对象中,可以这样推断:"如果甲是作案者,那么他有作案时间;经查,甲无作案时间;所以,甲不是作案者。"

这是一个充分条件假言推理的否定后件式。

第四章　创新思维能力

第一节　创新思维能力概述

思维与创新是分不开的。"创新是一个民族进步的灵魂,是国家兴旺发达的不竭动力",创造对于一个国家和民族的重要性不言而喻。"教育不能创造什么,但它能启发儿童的创造力,以从事于创造性工作",学校教育对于儿童创造力的开发和培养发挥着重要作用。因此,教育急迫需要一场超越过去的革命,那就是教育具有走向创造的视野和情怀。

一、创新及创新思维

(一)创新

所谓创新是指想出新办法、建立新理论、做出新成绩或新东西。创新意识就是主动抛弃旧的、不断创造新的这样一种观念和思想,是一种发现问题、积极探索问题的心理倾向。创造力则是一种积极改变自己、改变环境和改变现状的应变能力,是在创造活动中表现出来的一种复杂的综合能力,也是一种心理能力。其构成因素有创造性思维、创造性想象、直觉和灵感等主要因素以及观察力、记忆力等一般智力方面的辅助因素等。其中创造性思维是创造力的实质与核心。创造性人格则是指一个人具有创新意识和创新能力的心理特性的总和,是一种综合性心理结构。它是培养创新人才的终极目标。

"创新"在我们国家是出现频率非常高的一个词,企业家、政府官员、大学教授,几乎都在谈创新。同时,"创新"又是一个非常古老的词。在英文中,"创新"是 Innovation,这个词起源于拉丁语。它有三层含义:第一,更新;第二,创造新的东西;第三,改变。创新作为一种理论,它的形成是在 20 世纪,由美国哈佛大学教授熊彼特在 1912 年第一次把创新引入了经济领域。

(二)创新思维

创新思维是人类思维的精华,是创新能力的核心,是人们从事创新活动必须具备的最重要、最基本的心理素质。创新思维在整个创新活动中占有极其重要的地位。创新活动的前半期,主要靠创新思维产生创新设想;创新活动的后半期,则是将创新思维付诸实施,形成创新成果。可以说,一切创新成果都是创新思维结出的硕果。

我们都知道,有一个伟大的科学家、相对论之父——爱因斯坦。1936 年 10 月 15 日爱因斯坦在"美国高等教育 300 周年的纪念大会"上,有一段讲话。他说,没有个人独创性和个人志愿的统一规格的人所组成的社会将是一个没有发展可能的不幸的社会。管理大师德鲁克说,对企业来讲,要么创新,要么死亡。我们人类社会发展的历史,就是一部创新的历史,就是一部创造性思维实践、创造力发挥的历史。

二、国内外中小学创新思维能力培养现状

(一)国内现状

从我国现行教育上看,现在的教育培养的学生存在结构性缺陷,具体表现在:一是学生的观念、方法太落后,不能适应当代社会的发展潮流。二是创新能力差,相当一部分学生的学习只处于记忆和模仿阶段;教育管理中对学生的限制太多,严重压抑了学生个性发展和创造性的培养。三是实践能力差,动手能力不强。

创新思维对我们培养人,培养人才,培养高素质的人才非常重要。我们现在由于旧的教育制度,教师讲课的创新性和启发性还是不够的。

直到现在,中国中小学教师讲课的典型的方法是:第一章第一节,一、二、三,1、2、3,(1)(2)(3),ABCD。层次清楚,逻辑性强。于是教师讲笔记,学生记笔记、整理笔记、背笔记、考笔记,最后掌握的是一本笔记。我们非常缺乏的是具有创新性的、能够发挥创造力的人才。

(二)国外现状

在重视基础教育的同时,世界许多发达国家在青少年校外教育方面取得了重大实效,使之成为人才培养教育的一个新的特点。当今世界范围内综合国力的竞争,归根到底是人才,特别是创新人才的竞争。因此,在校外教育中加强创新人才的培养已经成为当今世界教育发展的一个重要趋势。

在此,我们介绍几种国外思维教学的创新模式。

1.戈登发散思维训练的教学模式

由 W.J.戈登和他的同事们设计完成的"发散思维训练"教学法是一种非常有趣而令人愉快的培养创新思维能力的方法。这种方法的实质就是让学生学会共同来解决问题和自我发展。在平时教学训练中,学生往往用"类比法"来"玩乐",由此得到放松并且开始享受到形式越来越多的比喻性对比的乐趣,然后学生们使用类比法来解决问题。

戈登把发散思维训练的基础建立在四个假设上:第一,创造力的重要性也表现在日常活动中。大多数人要么把创造思维与艺术、音乐方面的巨大作用联系在一起,要么就联想到聪明的新发明。戈登却强调,创造力是我们日常工作和闲暇生活的一部分。他的模式可以用来提高学生解决问题的能力、创造性的表达力、人际沟通以及对社会关系的洞察力。第二,创造过程一点也不神秘。它能够被描述出来,而且可以直接通过训练来增强人们的创造力。戈登相信,如果每个学生都能理解创造过程的基础,他们就能学会在自己的学习和生活以至于在将来的工作中运用这种理解,独立地或者集体地提高自己的创造性。第三,创造发明在所有领域——艺术、科学和工程技术都是类似的,而且它们都依赖于相同的智力活动过程。第四,个人发明和集体发明(创造性思想)是非常相似的,个人和集体是以极其相似的方式产生出思想和成果的。

戈登发展思维训练的特殊程序来源于一系列创造心理的假设:

第一个假设是:通过将创造过程带进意识层面,通过给创造性提供明确的帮助,个人和群体的创造力能够得到提高。

第二个假设是:创造活动基本上是一个情感活动过程,一个需要非理性成分和情感成分来强化的智力过程。许多解决问题的方法是理性的和需要智力的,但是非理性因素的加入可以增加产生新观念的可能性。

第三个假设是:对某些非理性的和感性过程的分析,可以帮助个人和集体通过建设性地使用非理性因素而增强他们的创造力。

戈登发散思维训练方法主要是通过比喻活动实施的。比喻是建立一种相似物之间的联系,是用一种事物或观点替代另一种事物或观点来进行的两者的比较。通过替代产生创造过程表现在把熟悉的事物与不熟悉的事物联接起来,或者从熟悉的想法中得到新的想法。

其一,拟人类比法。拟人类比法要求学生把自己的情感移入到被比较的观念或物体中去,学生必须感觉自己已变成了问题的物质因素的一部分。

其二,直接类比法。直接类比法是两个事物或概念的简单比较。这个比较没有必要确认两者的所有方面。它的作用只是简单地把一个对象或问题情境的条件换为另一个条件,以求获得对它的新的观察角度。

其三,矛盾压缩法。即把矛盾的两个事物凝缩在一起。矛盾压缩法为探究新课题提供了最广阔的洞察力,能反映学生把某一物体的两个不同的评价标准融合在一起的能力。

戈登的教学模式是以发散思维训练程序为基础的,其中之一(创造新事物)的目的是把熟悉的事物看为陌生,帮助学生用一种新的、更富有创造性的眼光看待已有的问题、观念和产品。另外一种方法(把陌生的事物变得熟悉)用来使新的、不熟悉的观念变得有意义。虽然两种方法都使用了三种形式的类比,但是他们的目标、体系和反应原理各不相同。

发散思维训练的目的在于提高个人和集体的创造力。同学们分享他们关于发散思维的经验,由此形成一种伙伴关系。他们通过观察其他同学对某一观点或问题的反应而相互学习。对他们的想法的评价标准是对集体的研究有所帮助。发散思维训练程序有助于创造一种平等的同伴关系,个人坦率地拥有自己的想法是这种关系的唯一准则。

2.威廉姆斯教学创造性思维与个性模式

美国著名的创造性教学研究专家威廉姆斯认为,一个人的创造性是由两个方面的因素组成的:一个是创造性思考能力,即属于认知范畴的那些因素;另一个是创造性倾向,属于个性的范畴。他以此为基础,提出了三维空间的创造性教学模式。在这个模式中,创造性教学的目标不仅仅在于发展学生的创造性思考能力,还应该致力于培养学生的创造性倾向。为了达到这两个方面的目标,教学必须是教师的教、学生的学和教学的内容三者之间协调一致的活动。威廉姆斯构建的三维创造性教学模式分为三个层面。

第一个层面是教学内容,列举了语文、数学、社会、自然、音乐、美术等当前中小学课程中的 6 门学科。

第二个层面是教师的教学行为,或者说教师的教学策略。威廉姆斯提出了 18 种教学创造性思维教学策略。

其一,思辨式。

矛盾法,发现一般观念未必完全正确;发现各种自相对立的陈述或现象。归因法,发现事物的属性,指出约定俗成的象征或意义,发现特质并予以归类。类比法,比较类似的各种情况,发现事物间的相似处,将某事物与另一事物做适当的比喻。辨别法,发现知识领域不足的空隙或缺陷,寻觅各种信息中遗落的环节,发现知识中未知的部分。

其二,变化式。

激发法,多方面追求各项事物的新意义;引发探索知识的动机,探索并发现新知识或新发明。变异法,演示事物的动态本质,提供各种选择、修正及替代的机会。改变法,确定习惯思维的作用,改变功能固着的观念及方式,增进对事物的敏感性。重组法,将一种结构重新改组,创立一种新的结构,在零乱无序的情况里发现、组织并提出新的处理方式。

其三,探索发展式。

探索的技术,探求前人处理事物的方式(历史研究法),确立新事物的地位与意义(描述研究法);建立实验的环境并观察结果(实验法)。容忍暧昧法,提供各种困扰、悬念或具有挑战性的情境,让学生思考;提出各种开放而不一定有固定结局的情境,鼓励学生发散思维。直观表达法,学习通过感官对于事物的感觉来表达感情的技巧,启发对事物直觉的敏感性。发展调适法,从错误或失败中学习,在工作中积极地发展而非被动地适应,引导发展多种选择性或可能性。

其四,创造式。

创造者与创造过程分析法,分析杰出而富有创造力任务的特质,以学习洞察、发明、周密思考及解决问题的过程。情境评鉴法,根据事物的结果及含义来决定其可能性,检查或验证原先对于事物的猜测是否正确。创造性阅读技术,培养运用由阅读中所获得知识的心理能力,学习从阅读中产生新观念。创造性倾听技术,学习从倾听中产生新观念的技巧,倾听由一事物导致另一事物的信息。创造性写作技术,学习由写作来沟通观念的技巧。视觉化技术,以具体的方式来表达各种观念,具体说明思想和表达情感,通过图解来描述经验。

第三个层面是学生的行为,包括属于认知方面的思维的流畅性、变通性、独创性和周密性;属于个性方面的冒险心、挑战心、好奇心和想象力等8个思维品质。

威廉姆斯的创造性教学模式的特点在于,它设计了比较完整的创造性教学策略,考虑到了学生的教学创造性思维个性问题,将"冒险心""挑战心""好奇心""想象力"等特别提出来,以此鼓励学生勇于面对失败或批评;勇于猜测;积极寻找各种可能性;明了事情的可能及现实间的差距;能够从杂乱中理出秩序;愿意探究复杂的问题或主意;富有寻根究底的精神;与一种主意周旋到底,以求彻底了解;愿意接触暧昧迷离的情境与问题;肯深入思索事物的奥妙;能把握特殊的征象,观察其结果,等等。

3.吉尔福特的"问题解决"教学模式

在吉尔福特看来,所有的教学创造性思维都包含着问题解决,所以教学创造性思维与问题解决很难完全分开。吉尔福特的创造性教学模式以解决问题为中心,以记忆贮存为基础,问题的整个解决过程始于环境和个体的资料对传达系统的输入。主要特点是:

第一,记忆贮存是其他所有认知活动的基础,输入的资料经由个人已有的知识贮存对其进行加工和过滤之后,进入认知的阶段,即对问题的存在及其本质有一个最初的认识和了解。

第二,对问题进行发散性的加工,通过对记忆贮存的检索,发现一个可能的解决问题的办法。

第三,对可能的解决办法进行辐合性的加工,来自记忆贮存中的众多信息接受各个方面的评价,决定是否适合于用来解决问题,从而对其作出取舍。

第四,在辐合思维阶段,有些信息越过了评价这一环节,不受到评价,被称为"中止判断"。吉尔福特的创造性教学模式的特点在于它使创造性教学成为一种"问题解决"的过程,这使它具有较强的操作性。相比之下,威廉姆斯虽然提出了有关教学创造性思维教学的一些可贵的教学策略方面的建议,但严格说来,这些策略性建议略显松散,缺乏一定的结构和程序化的设定。它并没有告诉教师以怎样的方式或程序进行教学,只是建议教师在教学时应注意一些什么原则。吉尔福特的创造性教学模式则不同,它使创造性思维教学以一种"问题解决"的方式得到落实,使学生在问题解决或课题研究中发展自己的思维能力。吉尔福特虽对问题解决没有具体的操作方案,但他使教学创造性思维教学进入"问题解决"的情境,为后来的研究者提供了一条有前途的思路。

4.奥斯本—帕内斯创造性问题解决的教学模式

美国教学创造性思维研究专家帕内斯根据著名的创造学家奥斯本的创造过程理论,提出了创造性问题解决的教学模式。这一模式的理论前提是,每个学生都具有程度不同的创造性,学生身上蕴藏着的创造性是可以通过教育和培养得到提高的。在学生创造性的培养中,已有的知识储备发挥着重要的作用。一个人的创造性只有在运用知识解决问题的过程中才能表现出来。教师担负着在教学过程中调动起学生的创造行为的责任。对于教学过程中学生的创造行为的调动来说,一种适宜于创造的宽松愉快的氛围是非常重要的。为了创设这种氛围,教师必须允许学生自由表达,鼓励学生表现幽默,并不断酝酿一些新的想法,同时对学生思维的质和量提出一定的要求。由此,帕内斯主张,培养学生创造性的有效途径应当是以创造性问题解决为核心和目的的教学,提出了这种教学应遵循的六个步骤(帕内斯也称"五个步骤"),因为他将"发现困惑"作为前提单独分离出来,主要是:

发现困惑,从杂乱无章的事实中分析出已知者。发现资料,收集有关的资料,仔细而客观地观察情境中的事实。发现问题,从若干观点看可能的问题,思索可能的问题,把范围缩小到主要的问题,重新以可解决的形式陈述问题。发现构想,产生许多主意和可能解决问题的方法。发现解答,在数种可能解决问题的方法中选择最可行者,就解决方法发展评鉴准则,根据已发展的准则评估可选择的解决方法。寻求接受,发展行动计划,针对所提出的解决问题的方法,征求所有听众的意见。

帕内斯的创造性问题解决的教学模式的每一个步骤的活动,都需要运用发散和集中两种思维。最大的特点在于,"发现"被置于重要的地位。

5.泰勒发展多种才能的教学创造性思维教学模式

泰勒教学模式的基本出发点是,几乎所有的学生都具有某种才能,之所以多数学生的才能没有发挥出来,是因为大多数教师只重视学生的学习成绩,忽视了学生才能的发展,因而不是学生没有才能,而是才能没有机会得以发挥。教学不应该只局限于传授知识,还应该注重对学生多种才能的开发。

泰勒列举了教学应着重发展学生六个方面的才能:创造的才能、决策的才能、计划的才能、预测的才能、沟通的才能、思维的才能。为了达到发展这六种才能的目的,在教学中应该注意以下几个方面:

第一,在教学活动开始之前,通过让学生参加各种训练,观察学生的参与情况和在活动中的表现,了解学生的特长和缺点,既便于以后的分组活动,也可以帮助学生选择自己专长的领域。

第二,重视教学过程胜于教学结果,教会学生获取知识的方法而不仅仅让学生掌握知识。

第三,坚持教学的开放性、发现式、自由选择和多样性。重视学生在教学中的主体地位、独立性和自主性。

第四,提倡、鼓励学生在集体讨论中求新求异,重视学生的观点、疑问和困难。

第五,在非学业活动中鼓励学生独立学习,避免教师过多指导、干涉甚至包办代替。

泰勒的教学创造性思维教学模式强调了"多元才能"的培养,揭示了教学创造性思维是一个综合性思维,教学创造性思维能力是一个综合性能力,它是计划才能、预测才能、沟通才能、思维才能等的综合参与活动。

6.斯腾伯格智力三元理论的教学模式

美国著名教育心理学家斯腾伯格设计的教学模式是以他的三元智力理论为基础的,这个理论认为好的思维具有分析的、创造的和实用的三个方面,即:批判——分析性思维;创造——综合性思维;实用——情境性思维。

在三元理论中,思维有三种方式,但背后的思维技巧只有一套。创造性的学生擅长于把这些技巧应用于相对新奇的问题,实用性的学生则愿意把这些技巧应用在日常问题上。而不管哪一类型的学生在具体的思维过程中至少存在七种基本技巧:问题的确定——确定问题的存在,定义这个问题到底是什么;程序的选择——选择或找出一套适当的程序;信息的表征——把信息表述为有意义的形式;策略的形成——策略按照信息进行表征的先后,把一个个程序按顺序排列起来,形成步骤;时间资源的分配——实际解决问题时,最重要的决策就是决定如何恰到好处地把时间分配给各个部分;问题解决的监控——必须留意,已经完成了什么,正在做什么和还有什么没做;问题解决的评价——能够察觉反馈,并且把反馈转化为实际行动。

斯腾伯格三元理论课堂教学的三个策略:

第一种策略是以讲课为基础的照本宣科策略。教师只是简单地把教材的内容呈现给学生。师生之间几乎不存在互动,学生之间也不存在互动,这种策略有利于批评分析性思维。

第二种策略是以事实为基础的问答策略。教师向学生抛出大量的问题,这些问题主要是为了引出事实。而对学生的回答,教师的反馈大致上无外乎是"对""好""是"或"不是"之类。在这种策略中,师生之间互动频繁,学生之间几乎没有互动,这种策略对创造综合型思维者比较有利。

第三种策略是以思维为基础的问答策略,鼓励教师和学生以及学生之间进行交流。教师提出问题以刺激学生的思维和讨论,通常这些问题并没有固定的正确答案,教师不轻易回答"对"或"错",而是评论或补充学生的发言,学生之间互相讨论,互动大大增多。这种策略对三种不同思维风格的学生都有帮助。

在思维教学的实施过程中,要抓好以下几个要点:

第一,教师鼓励学生学习如何问问题和如何回答问题。

第二,在教学生发展实用性能力的过程中,可以通过一个四步模型实现:熟悉问题;组内解决问题;组间解决问题;个别解决问题。

第三,通过三个过程——选择性编码、选择性合并、选择性比较培养学生的洞察力。

第四,必须理解一些基本原则和潜在困难。这些原则如:强调问题答案的同时要强调问题的确定和定义,要向学生平衡呈现结构良好问题和结构不良问题。潜在的困难如:错误地认为教师不是学习者,正确答案比达成正确答案的过程更为重要等等。

第五,让学生认识到缺乏对冲动的控制,缺乏坚持,不能把想法转化为行动等情感障碍会影响到成功的取得。

7.日本学习心理研究一例——培养学生创造性思维的范例

自 20 世纪 50 年代以来,由于现代科学技术的迅猛发展,急需培养大批具有创造性思维的人才。为此,各国学习心理学的研究重心纷纷移向培养学生创造性、思维能力方面。日本是现代科学技术发展的后起之秀,战后的日本在科学技术方面之所以发展迅速,其重要原因之一是重视教育、重视发展学生的创造性。

这里,我们仅举一例研究,这一例研究可以作为培养学生创造性思维的范例,对于我国的中小学甚至大学都有借鉴的价值。

日本北川惠司等人曾设计了这样一节课:题目是"用一条直线等分长方形可有几种分法?"这节课是用一个故事引入的:从前有两个小朋友,总想使自己聪明起来。于是,他们就去请动脑筋爷爷帮助。老爷爷说:"我不是魔术师,也不是神仙,怎么能把你们变得聪明呢? 要想聪明,得靠自己努力啊!"小朋友说:"可是我们不知道怎样努力,您教教我们吧!"接着老爷爷笑着从口袋里拿出一块长方形纸板说:"就请它帮助你们吧!"小朋友不理解地说:"老爷爷,您不要跟我们开玩笑,还是教教我们吧!"老爷爷说:"这不是和你们开玩笑,别小看这平平常常的长方形小板,这叫'智慧之板',许多人都靠它学会了动脑筋,有的还成了大发明家。"小朋友听了都争着要这块板。老爷爷又说:"谁能画一条直线把这块板分成大小一样的两部分,而且想出十种以上的分法,我就把它送给谁。"两个小朋友开始只能想出两三种办法,后来果真想出了十种以上的分法。他们得到了这块智慧之板,并渐渐聪明起来。

小学生听过童话之后,都感到这个课题有趣而跃跃欲试,并且争先恐后地到教师那里领取长方形纸,热情地投入了解题活动。

开始,他们只能依据经验直观地思考,如用上下或左右折叠的分法分成两个相等的长方形,或连接对角线分成两个相等的三角形。而后,他们分析作业,发现分割后的图形都是相同的形状,于是,又试着画斜线分成两个相等的梯形,再往下找出其他划分法就比较困难了。学生就停手沉思起来。这时候教师就悄悄启发说:"把已经发现的各种方法的等分线集中画在一起想一想,说不定可以发现新方法。"然后利用幻灯把上述划分法的线段依次重叠地投射到银幕上。

通过观察、综合思考,学生很快会发现"所有的线段都交在一点上"这个共性,于是,他们惊叫起来:"啊!通过这一交叉点的直线,都可以把长方形分成大小一样的两半""现在别说十种以上的分法,要分多少种就有多少种。我们能发现这一点,多么好啊!"儿童体验到创造性活动的愉快,乐意继续探求新知识。这时,教师提出"等分线不是直线行吗?""如果不是长方形,能用这个办法吗?"等问题,学生带着这样的"新问题",又进入了更深层次、更富于创造性的思考。

本节课进行了"尝试—发现"教学,它的一个重要特征,是引导学生亲历探索的过程,而不只是在意其结论。在数学活动课上的活动操作中,学生要动手、动口、动脑,让他们在"做"中学,从指尖上获得智慧,在动作里找到知识。

三、创造教育

(一)什么是创造教育

这门学科诞生迄今已有 60 多年的历史。创造教育是创造学的一个分支,它是根据创造学的原理,结合哲学、教育学、心理学、人才学、生理学、未来学、行为科学等有关学科,通过探索与实践而发展起来的,创造教育必须通过课堂教学、家庭教学、社会教学活动的途径,帮助学生和人们树立创造意识、培养创造精神,坚定创造志向,发展创造性思维,掌握创造性发现、发明、创造技法和创造性方法,从而开发人的潜在的创造能力,因此,创造教育也是一种先进的教育方法。

(二)创造教育的目标

创造教育的出发点和落脚点是培养创造型人才。李政道讲:"培养人才最重要的是创造能力。"尤其是全面发展的创造型人才,各国提法不同,但基本目标是相同的。如美国的"和谐发展的人"、日本的"协调发展的人",其核心都是培养创造能力。

(三)创造教育的内容

1.创造哲学教育

它是创造性研究关于整个世界包括自然、社会和人类思维领域的一般规律,也是一种世界观。它是自然科学和社会科学的结晶,反映在人和自然、人和社会、认识与实践、精神与物质等关系上的创造性认识与解决问题。直接关系到创造者的品格、精神、思维方法,以及对创造性活动的指导。

2.创造性意识和思维教育

意识,是外界信息转化为主体活动过程中的中介性主导心理功能,并具有驾驭各种心理活动的能动作用。在当今创造学活动中,把创造性意识简称创意，如"借"意识、"桥"意识、"流"意识，被广泛地运用着，还从反向研究扼杀创意的种种表现和因素。

思维，一般指在表象、概念的基础上分析、综合、判断、推理等认识活动的过程，创造性思维是对旧概念、旧事物认识的突破；也是思维方式本身的创新。

创造性思维有：理论思维、直观思维、倾向思维、联想思维、联结与反联结思维、形象思维、扩散思维和集中思维。创造性思维的重点是想象力，丰富的创造性想象力才是首创的保证。

3.发现法、发明法、创造技法的教育和训练

发现法指在科学研究中，对前所未知的事物、现象及规律性揭示的一种普遍的创造性方法（适用于高中）。发明法指在自然科学范围内，获得前所未有的新事物的创造性方法（适用于初中）；创造技法指的是改变旧事物，创造新事物、新形态、新组合、新作品，含有创新之义，一般在小学、初中开展。

4.学科教育

学科教育是极为广泛的，它包括哲学、心理学、逻辑学、社会学、思维科学、行为科学、未来科学和信息学等。结合到创造性行为、品格素质、文明道德。综合这些学科教育的原因，就是把它作为创造能力必须具备的德、智、体、能、美基础。

5.情境教育

这是一种具有广泛性、创造性的教育方法，如周围发生了某一特殊事件，我们怎样才能创造性地认识它、理解它、解决它。立足于创造性上，日本本田小学设社会研究室、理科学研究室、家庭科学研究室，学生在小学毕业前，要学会茶道礼节、单独接待客人、缝纫、制衣、绣花；还有做饭、烧菜、洗衣，自己料理生活。有其常规性实践，还有其创造性探索。

6.创造性活动中的指导、操练

如组织兴趣性发明、创造活动,星期日俱乐部、创造室(包括制图、模型、玩具、教具、艺术工作、工厂观摩),参加奥林匹克竞赛(包括头脑奥林匹克)、发明创造实验活动,在职业训练中培养主动性、积极性、创造性。开设创造课,分年级设立创造课内容,如会用一般工具、制作一般木质零件、泥塑人物创作或创造性模仿制作。在小学毕业时,一般能掌握 20～25 种技能,并有一定的独创能力。中学则要求更高一些。

(四)为什么要推行创造教育

教育面临着一个人才与科技、经济相关的战略和战术问题,当前创造型的科技、经济、行政管理、金融、司法、教师、医务、外贸、外交、人文、综合性咨询人才及智能型的技术工人大量缺乏。这与人力资源的创造性开发密切相关。

1.人力资源中的人才问题

世界处于激烈竞争之中,主要是经济力量的竞争和科技水平的竞争和归根到底是人才的竞争。国际上的人才竞争将会越来越激烈、深化,因为人才首先在发达国家中缺乏。

在美国 1995—2010 年期间,每年缺少 9600 名博士水平的科学家,到 2006 年缺少 67.5 万名科学家和工程师;在德国今后的 20 年内,单计算机人才就缺少 6 万名;在加拿大,1995 年缺少教授 1 万名;我国台湾省要缺 70%～80%的科技人才;我国由于各种原因,只能满足 10%的人才需要;在社会科学方面,"教授荒"将席卷整个社会科学的研究开发领域。

有识之士认为:在 21 世纪,世界将为社会科学、人文科学的滞后付出沉重的代价。

2.人力资源开发必须从娃娃抓起

以美国的研究为例:

美国著名心理学家布卢姆曾对千名婴儿跟踪观察,最终得出的结论是：如以 17 岁的人所达到的智力水平为 100％ 为准,则 4 岁前为 50％,4～8 岁为 30％,8～17 岁为 20％。

(1)我国经历了十年的创造教育理论研究和实践,已取得了一定成果,市、地区托儿所、协会所属的托儿所的教师们开发了大量智力型玩具。

(2)美国目前约有 77000 个具有正式执照的儿童服务中心,每年接受 400 万儿童;美国的许多大学里设幼儿教师教育系、智力衰退教育系、儿童发育学系、幼儿教育学系、小学教育学系、中学教育学系。

(3)德国在幼儿创造性教育方面,居于领先地位。他们在胎教、培养创造性品格、必要的心理、健康素质、训练创造性技能等方面具有较丰富的经验。在德国,对孩子有一套特殊训练方法,好似热处理和冷处理的结合;抛、丢与爬结合;常规与冒险性活动相结合;家庭与园内、校内与校外相结合,了解社会以劳动进行熏陶。家庭很少给钱,小学生、中学生要靠自己的创造性劳动或艺术到街上去挣钱。

(4)日本和德国一样在教养幼儿方面采用与我们传统体系不相同的方法,日本在 20 年前就开办挨冻幼儿园,幼儿在四季只穿一套 T 恤衫和裤子,还将幼儿在空中丢抛,这对培养幼儿身体健壮、脑平衡、吃苦耐劳精神、坚强意志是很有帮助的。

(5)法国根据人力资源开发的需要,不断增加教育经费,在 16 年间,法国教育经费净增 1800 亿法郎。目前他们的教育方法主要是:①树立正确的儿童观,认识学生是学习活动的主体、主人,应该是自己管理自己,实行"自治",使学生充分得到自由发展。②启发学生学习求知,顺应学生学习兴趣,相信学生学习的成功,尊重学生的人格。③培养创造力,一般是通过创作构思、造型艺术、素描、绘画、音乐、舞蹈和各种实验活动。④在教学时间上,分成创造时间、吸收时间、对话时间、探索时间、自学时间。玩中有学,学中有玩,并且还给学生自己支配的时间。

（6）在亚洲,主要谈香港、台湾地区和新加坡的教育,有以下几个共同特点和探讨的问题:一是立足于人力资源开发,并使创造能力与经济增长同步进行。我国台湾提出创造力的12种力,即策划力、指导力、创意力、解决力、执行力、发表力、交谈力、交往力、启发力、说服力、预测力、控制力。新加坡提出,人才跟生产资料走,合理配置岗位。这些作为中小学教育的目标和任务,将来能达到人力资源的创造性开发。二是推行的教育制度是6~9年不等的义务教育,入学率分别为70%~90%,相当于发达国家平均水平;大学在15%~40%之间,教育经费由三个部分组成,即公共教育经费、私人捐助、学生交纳,约占财政开支的15%~20%。三是注意德、智、体的全面发展,使之适应社会、市场经济。

(五)创造教育的方法

创造教育既有一定内容,又有一定的方法,而且具有规律性、规范性、发展性。国内外运用了许多具有广泛性、普及性、多样性的创造教育方法,如:

第一种是国际上包括我们国家普遍推行的 STS 教育,即"科学—技术—社会"。美国、加拿大、英、日、荷兰开展十分广泛。我国华东师大二附中、东北师大、北师大附中、江苏苏州、常州、辽宁鞍山、山东莱州,以及上海向明、格致、控江中学,和田路小学,结合创造性教育训练,取得了较好的成果。

还有 KAS 教育,即知识、能力、技能(技法)教育,这是一种把知识、基础能力、创造技法相结合的教育方法,在美国极其普遍,从学校到工厂企业,从中小学生到成人,而且成果显著。

第二种是美国使用最广泛,我国正在推行的 CPS 教育,即创造性解决问题教育和训练。它是运用创造学原理培训学生,开发学生的创造性思维和能力。可归纳为:三阶段模式,五阶段模式,八阶段模式,十阶段模式,即:①找出问题对象;②分解对象的每一要素;③逐一寻找问题所在;④设想要求达到的目标;⑤收集有关信息资料;⑥寻找解决问题和达到目标的方法;⑦解决方法评价确定;⑧制定实施计划;⑨跟踪实施状况;⑩反馈分析研究和完善。

第三种是超前教育,超前学习使儿童能超越知识积累,超越学习时间上的某种限定,有所突破,这种教学方法使学生能探索性地提前进入新知识学习阶段。一般有两种形式:一种是压缩式超前,即学习内容不减,只压缩学习时间,比常规教学提前进入新知识领域;另一种是跳跃式,即跳过某些学习内容,并可分同质超前和异质超前两种,同质超前就是可以在同一知识结构进行,异质超前是可以在原有知识基础上跨入另一尚未涉及的知识领域中进行。

第四种是右脑开发训练。美国的加利福尼亚工学院的罗杰、斯佩里、托乐斯坦、维塞尔、戴维、休怕乐,1981年诺贝尔奖金获得者,在研究以往成果的基础上,进一步提出左右脑分工。通过:①玩(结构玩具);②体育、游戏、舞蹈(险情克服);③语言训练;④大自然中参观游览;⑤动手(书法、美术、劳动、劳技),左右并举开发右脑。左右脑是由胼胝体联结,并由胼胝体里的2亿条神经纤维沟通左右脑。只有在左右脑共同发挥作用时,才能对客观事物有创造的成功。

创造教育探索和实践的关键主要是教师,教师必须是创造型的,他既能发现和发挥自身的创造性,又能发现和开发学生的创造性,培养学生的创造性思维和能力。

因为,只有自己具有创造性,掌握创造性理论和方法,才能培养学生的创造能力。

第二节　提高中小学生创新思维能力

一、如何提高创造性思维

创造性思维是人类的高级心理活动。创造性思维是政治家、教育家、科学家、艺术家等各种出类拔萃的人才所必须具备的基本素质。心理学认为：创造性思维是指思维不仅能提示客观事物的本质及内在联系，而且能在此基础上产生新颖的、具有社会价值的前所未有的思维成果。

创造性思维是在一般思维的基础上发展起来的，它是后天培养与训练的结果。卓别林为此说过一句耐人寻味的话："和拉提琴或弹钢琴相似，思考也是需要每天练习的。"因此，我们可以运用心理上的"自我调解"，有意识地从几个方面培养自己的创造性思维。

(一)展开"幻想"的翅膀

心理学家认为，人脑有四个功能部位：一是以外部世界接受感觉的感受区；二是将这些感觉收集整理起来的贮存区；三是评价收到的新信息的判断区；四是按新的方式将旧信息结合起来的想象区。只善于运用贮存区和判断区的功能，而不善于运用想象区功能的人就不善于创新。据心理学家研究，一般人只用了想象区的15％，其余的还处于"冬眠"状态。开垦这块处女地就要从培养幻想入手。想象力是人类运用储存在大脑中的信息进行综合分析、推断和设想的思维能力。在思维过程中，如果没有想象的参与，思考就发生困难。特别是创造想象，它是由思维调节的。

爱因斯坦说过："想象力比知识更重要，因为知识是有限的，而想象力概括着世界的一切，推动着进步，并且是知识进化的源泉。"爱因斯坦的"狭义相对论"就是从他幼时幻想人跟着光线跑，并能努力赶上它开始的。世界上第一架飞机，就是从人们幻想造出飞鸟的翅膀而开始的。幻想不仅能引导我们发现新的事物，而且还能激发我们作出新的努力、探索，去进行创造性劳动。

青年人爱幻想，要珍惜自己的这一宝贵财富。幻想是构成创造性想象的准备阶段，今天还在你幻想中的东西，明天就可能出现在你创造性的构思中。

(二)培养发散思维

所谓发散思维,是指倘若一个问题可能有多种答案,那就以这个问题为中心,思考的方向往外散发,找出适当的答案越多越好,而不是只找一个正确的答案。人在这种思维中,可左冲右突,在所适合的各种答案中充分表现出思维的创造性成分。1979年诺贝尔物理学奖获得者、美国科学家格拉肖说:"涉猎多方面的学问可以开阔思路⋯⋯对世界或人类社会的事物形象掌握得越多,越有助于抽象思维。"比如我们思考"砖头有多少种用途",我们至少有以下各式各样的答案:造房子、砌院墙、铺路、刹住停在斜坡的车辆、作锤子、压纸头、代尺画线、垫东西、搏斗的武器,如此等等。

(三)发展直觉思维

所谓直觉思维是指不经过一步一步分析而突如其来的领悟或理解。很多心理学家认为它是创造性思维活跃的一种表现,它既是发明创造的先导,也是百思不解之后突然获得的硕果,在创造发明的过程中具有重要的地位。物理学上的"阿基米德定律"是阿基米德在跳入澡盆的一瞬间,发现澡盆边缘溢出的水的体积跟他自己身体入水部分的体积一样大,从而悟出了著名的比重定律。又如,达尔文在观察到植物幼苗的顶端向太阳照射的方向弯曲现象时,就想到了这是幼苗的顶端因含有某种物质,在光照下跑向背光一侧的缘故。但在他有生之年未能证明这是一种什么物质。后来经过许多科学的反复研究,终于在1933年找到了这种物质——植物生长素。

直觉思维在学习过程中,有时表现为提出怪问题,有时表现为大胆的猜想,有时表现为一种应急性的回答,有时表现为解决一个问题,设想出多种新奇的方法、方案等等。为了培养我们的创造性思维,当这些想象纷至沓来的时候,可千万别怠慢了它们。青年人感觉敏锐,记忆力好,想象极其活跃,在学习和工作中,在发现和解决问题时,可能会出现突如其来的新想法、新观念,要及时捕捉这种创造性思维的产物,要善于发展自己的直觉思维。

(四)培养思维的流畅性、灵活性和独创性

流畅性、灵活性、独创性是创造力的三个因素。流畅性是针对刺激能很流畅地作出反应的能力。灵活性是指随机应变的能力。独创性是指对刺激作出不寻常的反应,具有新奇的成分。这三性是建筑在广泛的知识的基础之上的。20世纪60年代美国心理学家曾采用所谓急骤的联想或暴风雨式的联想的方法来训练大学生们思维的流畅性。训练时,要求学生像夏天的暴风雨一样,迅速地抛出一些观念,不容迟疑,也不要考虑质量的好坏,或数量的多少,评价在结束后进行。速度愈快表示愈流畅,讲得越多表示流畅性越高。这种自由联想与迅速反应的训练,对于思维,无论是质量,还是流畅性,都有很大的帮助,可促进创造思维的发展。

(五)培养强烈的求知欲

古希腊哲学家柏拉图和亚里士多德都说过,哲学的起源乃是人类对自然界和人类自己所有存在的惊奇。他们认为:积极的创造性思维,往往是在人们感到"惊奇"时,在情感上燃烧起来对这个问题追根究底的强烈的探索兴趣时开始的。因此要激发自己创造性学习的欲望,首先就必须使自己具有强烈的求知欲。而人的欲求感总是在需要的基础上产生的。没有精神上的需要,就没有求知欲。要有意识地为自己出难题,或者去"啃"前人遗留下的不解之谜,激发自己的求知欲。青年人的求知欲最强,然而,若不加以有意识地转移地发展智力,追求到科学上去,就会自然萎缩。求知欲会促使人去探索科学,去进行创造性思维,而只有在探索过程中,才会不断地激起好奇心和求知欲,使之不枯不竭,永为活水。一个人,只有当他对学习的心理状态,总处于"跃跃欲试"的阶段时,

他才能使自己的学习过程变成一个积极主动"上下求索"的过程。这样的学习,就不仅能获得现有的知识和技能,而且还能进一步探索未知的新境界,发现未掌握的新知识,甚至创造前所未有的新见解、新事物。

值得指出的是培养思维的创造性应注意以下几点:

(1)加强学习的独立性,保持应有的好奇心。

(2)增强问题意识,在课堂听讲和读书学习中,注意发现问题,提出问题。

(3)注重思维的发散,在解题练习中进行多解、多变。

二、如何提高中小学生的思维能力

(一)教师可采取多种正确的途径对学生进行训练,帮助学生开阔思路,丰富想象,变被动学习为主动学习,改善学习方法,提高学习质量。

1.精心设疑,激发起学生的思维

思维是从问题开始的,没有问题,也就难以诱发思维和激发出求知欲望,感觉不到问题的存在,也就不会去思考,思维也就无法积极主动地展开。因此在教学中,教师要通过提出启发性问题或质疑性问题,创设新异的教学情境,给学生创造思维的良好环境,让学生经过思考、分析、比较来加深对知识的理解。

思维案例

两个推销员到一个岛屿上去推销鞋。一个推销员到了岛屿上之后,气得不得了,因为他发现这个岛屿上每个人都是赤脚。他气馁了,没有穿鞋的,怎么推销鞋,这个岛屿上是没有穿鞋的习惯的。他马上发电报回去:"鞋不要运来了,这个岛上没有销路,每个人都不穿鞋的。"第二个推销员来了,他高兴得几乎昏过去了,不得了,这个岛屿上的鞋的销售市场太大了,每一个人都不穿鞋啊,要是一个人穿一双鞋,不得了,那要销出多少双鞋啊,马上发电报:"空运鞋来,赶快空运鞋。"你看,同样一个问题,不同的思维得出的结论是不同的。

2.营造良好氛围,激发创新情志

每个人都是有情感的,学生也不例外。学生的情感直接影响到他们的学习兴趣及学习效果。只有积极、肯定的情感体验才能使学生的主体性、创造性得到发展,创新教育才能得以实现。如某次参赛的英语课中,老师们都开展了有趣的英语活动,如英语歌曲、诗歌、故事表演和游戏等。既调动了课堂气氛,又使学生获得了感性知识,这样让儿童在高高兴兴的玩乐中,不知不觉地学习英语,在品尝成果中获得自信,激发起更大的学习热情,自然习得语言。

3.创设语言情境,培养创新思维能力

儿童是善于模仿的。学生在模仿课文语言时,能获得发现的乐趣,能获得成功的喜悦,这就是孩子心目中的创新意识、创造性思维的萌芽。参加比赛的教师虽然所教的不是自己的学生,但努力用有限的时间为学生创设语言实践的情境,抓住课文中的重点句型,精心设计练习,引发学生的求知欲望,激发学生的学习兴趣,让学生在运用语言的过程中及时把课文语言转化为自己的语言。

4.拓展思维途径,优化思维品质

发散思维在创新思维中占重要地位。传统的教学方法,只是应付已知的、重复的情景,解决的是整体划一的问题。尤其是英语教学费时多、收效低、说不出、听不懂。这种过于集中的思维决不会产生创新观念。教学实践告诉我们要重视发散思维训练。因为培养学生创新思维是"知识爆炸"时代的需要。教师应从听、说、读、写中训练学生的发散思维,训练学生具有流畅性、变通性和独特性的英语语感习惯。教师作为创新学习的组织者和主导者,应该主动开拓进取。在教学中,教师应成为学生尊敬的师长、合作的伙伴、讨论的对手、交心的朋友,并能根据课文对话制定符合学生思维发展的教学方式,密切关注课堂的动态生成,不断发展学生的创新思维,促使创新教育在英语教学中有更大的发展空间。

(二)教师要善于针对教学过程中发现的一些现象,提高教学效果,从根本上提高教学层次,倡导在学生"思维上"下功夫,调动学生的积极性,培养学生收敛性思维,以帮助学生能够抓住最关键条件从而攻克思维上的难关;如何培养学生发散性思维,以帮助学生能够宏观地把握他所掌握的知识点和提高创新性意识,使学生形成真正意义上的创造性,从而实现在学习中做好对学习内容的整合、对学习方法的调整。

以解数学题和治病为例:

解一道数学难题就像爱迪生发明灯泡的过程:他先全局性把握他的发明创造的整体思路,然后带有一些猜想地去试验竹叶、铁丝、钨丝等上百种材料作灯丝。解一道数学难题还像医生为病人治病,为了诊治病根,医生先掌握了病人的状况,全局性把握病理脉络,找到患处,如果病根真正找到了,患者康复就有望了。

以上两个例子都说明一个道理:要成功,必须先全局性把握你要做的事,统筹考虑并且在关键环节问题上也一定要处理得当。

把握整体思路脉络的好与坏就是决定于发散性思维的强与弱。发散性思维强能使学生随机应变,即使在突如其来的新问题面前也能应付自如,从而很好地把握全局。而解决一个具体任务(如找最好的材料作灯丝、用最佳方案为患者治疗患处),做得好坏就依赖于他的收敛性思维的强与弱。他的收敛性思维越强,他的注意力就越容易凝聚收敛集中,问题的关键就越容易明显,解决办法就易达到脱颖而出。

一个高超的发明家有高超的创造性思维,实际上他既有良好的发散性思维又有良好的收敛性思维。

那么到底什么叫收敛性思维和发散性思维呢? 大致可用下面两个图表示:

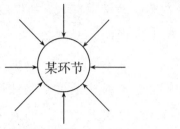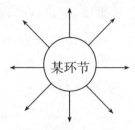

收敛性思维示意图　　　　　发散性思维示意图

图中的圈内代表一个具体任务,带箭头的线就表示思维,箭头的方向表示思路的去向,说白了就是:收敛性思维是为解决某具体环节时产生的"来"方向的各个思路;发散性思维是在现有的某条件或已完成的某个步骤基础上,能用于解决其他什么问题的"去"方向的各个思路。

能巧妙地把握知识的内涵、外延并正确运用实际上恰是具备收敛性思维和发散性思维的表现。然而,有很多人收敛性思维很强但发散性思维却很弱,解决某个环节他会做得很好却不能顾全大局、在新问题面前经常束手无策;还有很多人发散性思维很强但收敛性思维却很弱,总有一些知识点不扎实,虽然解决问题的整体思路很清晰,也知道各要素间的联系,但就是具体环节做不好。这两种类型的同学都需要完善他们的思维、改善他们的思维习惯。

我们的教育也正是向真正的素质教育迈进,逐步趋于完善,课堂上的每一个 45 分钟都是学生摄取知识能量、增加能力方法的不平凡的 45 分钟,每一个新的 45 分钟过后,学生的头脑中又增加了新知识、新能力。随着学生的知识圈增大了,他们不会、不懂、困惑的问题却越多了,面对一些问题无计可施的情况也越多了,所以这个时候便到了我们教师发挥作用的时候了,应该暂时停止"传授",从这儿开始"交流"。交流式的课堂并不是立刻告诉答案,而是告诉他们应该做好"长期思考"的准备,"可能现在不能马上透彻但以后会大彻大悟"的思想准备,告诉他们不要焦躁,引导他们尽快地去想为解题该想的问题,也就是"入境",只有入境了,他们的收敛性思维才开始增强了。

交流式的课堂中我们教师经常要转变一下角色,经常要当一下"旁观者",设置一些问题——可以是故意说错答案的但有针对性的疑问,可以是针对解决某环节时该用什么条件、知识点在旁边提醒,总之学习主体是学生,咱们老师不能"包办""越俎代庖",虽然需要"解惑"但也要讲究解惑的策略,可以在旁边一边问一边提醒,一直到他们受到启发,只要他们真正受到启发了,找到一点儿线索,那么他的思路就会逐渐形成的,这便是走向成功了。

学生在这个过程中,是经历了"探、找、忆、再加工、再认识"的发现式学习的过程。学生从漫无边际的知识里找那一丝头绪,哪怕是微不足道的一点头绪,把学过的知识理一遍并解决了新问题,那他的能力就形成了,同时发展了他们的收敛性思维。这个过程的作用是巨大的,这对学生思维的锻炼是用其他方式无法代替的。教师在这个过程中起一定作用,使学生由半独立思维逐步向独立思维过渡,使学生自信心也逐渐增强了。

可以说自信心是成功的开始,而增加自信心又是从一次次的小成功开始的,知识的增多、能力的增强使学生自信心的嫩芽茁壮成长,所以我们教师必须关注学生或成功、或失败的每一次,每阶段验收掌握他们的情况,再针对学情想一些具体的小策略,千万不能怠慢,否则会使学生逐渐进入恶性循环:"不太懂、自信心不足—不巩固知识、不愿意做题—知识点开始大量遗忘、不愿意学习—学不了、想学也学不了",这样学生越落越多,后来就一点学习的基础也没有了,以至于破罐破摔,影响他一生中对事物的看法,使他形成消极的世界观、懦弱的人生观,这便是彻底走向失败了。

当然,学生的抗挫折能力是不一样的,有些脆弱的心灵是很容易灰暗的,所以我们教师要尽全力把学生蓬勃的心灵点亮、并使之更亮。学生的学习过程中不可能是一帆风顺的,把"书山有路勤为径,学海无涯苦作舟"作为座右铭让学生有一个正常的想法,明确学习的必需的条件。教师的作用虽然不是万能的,但我们可以想办法在学生的内因起作用,增加(他们的)兴趣、发挥他们的能动性。具体地说,就是增加他们考虑问题的整体意识,把他们学会的所有知识串成线,努力发现各知识的联系,从而也就增强了他们的发散性思维。让他们感到"有点会了"以提高兴趣,让他掌握各知识的用处以发挥他们的能动性。循序渐进,效果就会变好的。学生的成功可能就开始于"一念之间",一个念头是:"我要学,因为我快成功了",另一个念头是:"我没法成功了,我不学了"。原因一方面是他们自身的基础不同,另一方面就是思维在作怪。虽然意识不是起绝对作用的因素,但是对于学习来说,意识却是至关重要的,是让学生内因起作用的"良药"。

综上所述,一个人的思维、理念是非常重要的。一个人要发展,首先就应保持一个正常的思维,在此基础上,还应再"深造他的思维",让他在思维中强化收敛性思维和发散性思维,使他在做一件事时更专注、思路更清晰。用一句名言——"条条大路通罗马",只要学生理顺了各种关系,成功就在脚下。

下篇：各种思维能力在各学科中的实践与运用

第五章 各种思维能力在语文学科中的实践与运用

第一节 浅谈中小学生语文思维能力的培养策略

"心之官则思，思则得之，不思则不得也。"可见，我国的教育家、思想家，已十分重视对学生思维能力的培养。江泽民指出："创新是一个民族进步的灵魂，是国家兴旺发达的不竭动力。"而创新能力的核心是思维，从某种意义上讲，培养学生的良好思维品质，加强学生思维训练，无疑是培养学生创造力的关键。在语文教学实践中，我们越来越深刻地认识到：语文要想真正出成效，不能仅局限于教法的改变，而要首先转变教师的教学理念，把语文教学的触角深入到学生的思维领域，把培养学生的思维能力作为语文教学的首要目标。

由此看来，充分调动学生的思维积极性，培养学生正确的思维方法，是育人的重要内容。那么，在实际操作中应该怎样培养学生良好的思维品质呢？具体做法有如下几点：

一、创设良好的课堂氛围，是培养思维能力的基础

良好的教学氛围的创设，是教师高超的教学艺术的体现，正如名人所说：语文课堂教学中，导思的过程，若起伏跌宕、充满有张有弛的流动感，若清新别致、能充溢着灵动和诗意的光辉，则必将营造出朝气蓬勃的课堂氛围,对学生的思维能力的开发将大有裨益。

如何创设良好的教学氛围呢?

(一)精心设计导语

良好的开端是成功的一半。好的课堂导入语的设计,其实就是成功的课堂教学的开端。精彩的导入往往能创设良好的课堂氛围,成为激发学生思维的动力。例如在讲《口技》一课时,先创设教学情境:播放录音《洛桑学艺》,来激发学生的思维,要求学生努力听,三分钟后让他们口述从中听到了什么? 洛桑表演了哪些内容? 紧接着启发学生:假如一个表演者,在舞台上两手空空,而他却能演奏出优美的 blues,模拟出"泰坦尼克号"的汽笛声,弹出凄婉的《二泉映月》,他依靠的是什么本领? 这在曲艺中被称作什么? 将学生不知不觉地带入《口技》之中。

(二)善于捕捉思想火花,因势利导激活思维

善于捕捉思想火花,因势利导激活思维是创设良好课堂氛围,培养学生思维能力的又一策略。一些学习有困难的学生,思维不够活跃,思路不够开阔,学习质量不是很高,表现在学习上,懒于动脑,可是他们也时而闪烁出智慧的火花,教师应善于捕捉这一智慧的火花,点亮他们智慧的心灯,开启他们思维之扉。例如教学《狼》一文时,师生都在大谈狼的狡猾、屠户的勇敢机智。这时,平时成绩较差的一位同学小声道:"两只狼有合作精神。"教师便叫他起来,请他把自己的想法说给大家听,他胆怯地站了起来,低下头,不敢说。教师又进一步鼓励道:"老师认为你的观点很新颖,很有价值,你能说出来供大家借鉴吗?"听到这话,这位同学眼神中流露出了异样的光芒,颤声道:"老师,您不是说不以成败论英雄吗,狼虽然失败了,但它们配合默契,这种合作精神是值得我们学习的。"听了这话,大家报以热烈的掌声。而这位同学涨红了脸,两眼却熠熠闪光。此后,他经常提出一些令人意想不到的问题。这一问一答,不仅创设了良好的课堂气氛,而且还为这位学生打开了一扇封闭的智慧之门。

二、根据学生的心理特点,结合语文课堂教学实践,加强学生思维能力训练,是行之有效的途径

语文教学的过程是一个"感知—体验—理解—运用"的过程,在这一过程中,教师通过启发诱导,使学生获得收集和处理信息的能力,探究分析解决问题的能力,而这些能力核心还是思维能力。

那如何训练学生思维能力呢?

(一)训练思维的敏捷性

思维的敏捷性是指思维的速度快,能对问题迅速作出反应。敏捷的思维并不是天生的,而是需要经过长期训练才能形成的。在教学中教师可采用不同的教学手段,持久地加以训练。例如教师在教授《皇帝的新装》时,在初读课文后,可设计以下问题来整体感知课文,并训练学生的快速思维能力:1.此文的作者是谁? 他是哪个国家的? 2.采用最简洁的话概述故事的内容。3.作品中最可笑的人物是谁? 最可恨的人物是谁? 最可鄙的人物是谁? 最可爱的人物是谁? 为什么? 4.勾勒出人物的特点(每个人物不得超过十个字)。通过抢答,评出优异者。这样,既让学生对课文有了全方位的整体了解,又训练了学生思维的敏捷性。

(二)训练学生思维的独特性

思维的独特性是指思考问题、解决问题不依赖、不盲从、不迷信,能有独到见解的分析判断。在阅读教学中,教师要鼓励学生质疑、探索,努力为学生提供独立思考探究问题的空间,从而锻炼学生思维的独创性。教师还要善于设计问题,所设计的问题,既能给学生创造思索的空间,又能提供创造性思维的范例。使学生明白"学源于思,思源于疑"的道理。让学生思维发展的历程在教师这盏智慧之灯的指引下顺利航行。

例如学习《藤野先生》一文时,教师提出:"东京也无非是这样"中的"也"是关联词语,可是前面又没有句子,与谁关联? 文章的第一句为什么要这样写? 这看似平淡的地方,老师却提出如此深刻的问题,学生马上陷入思索。顷刻,学生举手答道:"这句话有潜台词,前面省略了。"又一个同学答道:"大清帝国日暮途穷,腐败不堪,作者才东渡日本寻求真理,而到日本看到的是中国留学生依然浑浑噩噩、醉生梦死,令作者义愤填膺。"又一学生道:"'也'字蕴涵着作者无限悲愤之情。"教师善于问,学生善于思。在问答中授之设疑之法,于平淡中见疑,于无疑处生疑。这样的思维成果才会有独创性。

(三)训练学生思维的深刻性

思维的深刻性是指善于钻研和思考问题,对事物的认识不满足于表象,善于区分本质与非本质的特征。其方法是:抓住矛盾加以展示。对立的事物互相排斥,容易引起思考,无论是文章的主旨,还是结构安排,或是细节描写,只要抓住课文的本身矛盾,就可以激发学生积极思考,培养学生思维的深刻性。

例如学习《孔乙己》时,教师提出:"孔乙己既穿长衫,又为何站着喝酒?既穷,又为何穿长衫?"这一问挑起矛盾,学生思想产生碰撞,陷入了积极思考,经过讨论,学生明白"站着喝酒而穿长衫"这一笔,实乃用心良苦,浓缩了孔乙己整个精神世界和社会处境。通过探究,学生不仅理解了作品的深意,也学会一种质疑探究的方法——于矛盾之处生疑探疑,进而锻炼思维的深刻性。

总之,读书学习贵在思索探究,教学的过程就是让学生从无疑到有疑、再从有疑到无疑的反复递进、不断深化的思维过程。语文教学的重要任务就是在这个探究过程中,来培养学生的思维能力。

第二节　注重阅读思维训练,提高学生语文思维能力

加强初中语文阅读教学中思维训练是时代发展的需要。让学生勤于思考、善于思考,这是21世纪未来社会向学校提出的新要求。作为基础学科的语文理应主动适应时代的这种新要求,在教学中积极实施思维教育,

尤其是创造性思维教育。

审视当前阅读教学,传统的"串讲加解释"教学结构模式,还在影响着大部分的初中语文教师。重灌输,轻启发;重接受,轻发现;重求同,轻存异等缺陷不仅阻碍了学生的思维发展,增长了学生的思维惰性,而且扼杀了学生的创造力。要使学生的文章"条理清楚,文字通顺",就需不断加强对学生逻辑思维和议论能力的培养。

根据学生的心理特点,结合语文课堂教学实践,加强学生思维能力训练,是行之有效的途径。思维训练是采用一定的程序,对思维能力、思维方法、思维态度等思维要素进行系统的训练,从而提高人总体思维水平的活动。语文教学中进行思维训练是促进学生将所学的知识转化为能力的一个重要环节。加强思维训练,可以从以下几方面进行:

一、比较异同训练

比较就是把各种事物加以比对,以确定它们之间的相同点和不同点,就是找同中之异、异中之同。俄国教育家乌申斯基认为:"比较是一切理解和思维的基础,我们正是通过比较来了解世界上的一切的。"比较有助于提高思维的变通性,有助于提高学生对问题的思辨能力,也有助于提高综合能力,这种方法在学习中应用得相当普遍,频率也高,它不仅适用于理解性的问题,也适用于学习基础知识。

例如:《一面》和《藤野先生》都是写人的,引导学生进行比较,学生归纳出两者的不同:前者记叙了作者与鲁迅见面的经过,表现了鲁迅关心劳动人民,关心进步青年的思想,是按时间的先后顺序,通过对人物的肖像、语言、动作描写表现出来的;后者写藤野先生治学严谨,没有民族偏见,是一个正直的学者,它不完全按时间来叙述,而是选择几个有关教学活动的片段来表现。在结构上,前者以作者与鲁迅的一面之交为线索组织材料,从正面着笔;后者主要以作者与藤野先生的交往及作者思想感情的变化为线索,用了许多与藤野先生只有间接关系的材料,作为侧面烘托。通过比较分析,可以看出这两篇同样写人的文章,结构上各具特色,风格迥异。

再如:教师在教完《变色龙》一文后,可以让同学们把这篇作品与以前学过的《我的叔叔于勒》进行比较研究,同学们查阅资料,讨论分析,得出研究结论:两文惊人的相似。两位作者都是19世纪后期批判现实主义作家,两人的年龄只差一岁,两文的写作时间仅差一年。此外,两位小说之王的两篇惊世之作在情节上都突出一个"巧"字,人物性格的塑造上都突出一个"变"字,艺术表现手法上都突出一个"比"字,所写的人物事件都突出一个"小"字,而表现的主题都突出一个"大"字。研究分析这些异同,都有助于打开思维的闸门。点燃头脑中的火花,从而获得举一反三、触类旁通的思维效果。

二、逆向思维训练

苹果落在牛顿头上,牛顿由此而发现了万有引力定律,就是因为他运用了逆向思维:为什么苹果往下掉而不往上掉。实践证明,对某些问题利用正向思维不易找到正确的答案,一旦运用逆向思维常常会取得意想不到的功效,这说明逆向思维是摆脱常规思维羁绊的一种具有创造性的思维方式。阅读中教师要善于引导学生对作品进行逆向性阅读分析。

如指导学生阅读《愚公移山》时,引导学生思考:有人说愚公若没有神的帮助,不知要多少代人才能挖走太行、王屋二山,他为什么不搬家呢?这不是名副其实的"愚公"吗?教师指导学生逆向思考,容易触发学生的阅读求知欲和探索欲,制造一种矛盾,学生能够在思考后,产生一种质疑的品质。逆向阅读分析有利于培养学生发现问题的能力,培养学生"不唯上、不唯书"的科学精神。

我们都懂得"说谎是可耻的"这个道理,如果单一地去理解,就缺少创新。如果从相反的方面提出论点:说谎也能表现人的高尚品德,那这种见解就新颖、独特。如果让学生为这个观点找论据,在热烈的讨论后,学生纷纷发言:面对生命垂危的人,家人、亲戚、朋友说的大多是谎话,连作风严谨的医生也不例外,这些谎话显示了人们的爱心;做了好事不肯留下真实姓名、地址的人,具有美好的心灵;《藤野先生》中鲁迅也说了谎话,他决心弃医从文,但当先生问起时,他却说要去学生物,说先生教给他的知识还能用得到,他的谎话体现了师生情深。之后有学生根据寓言故事《龟兔赛跑》进行了逆向思维,《新龟兔赛跑》体现了龟兔不同的心态,这就有了新意。

三、发散思维训练

"横看成岭侧成峰,远近高低各不同",意思是,对同一件事物,人们从不同角度观察,就有不同的看法,体现出不同的思想意义。课堂教学中,教师可以针对某一问题提出多种解答思路,然后引导学生进入情境去进行发散性思考和理解,以另辟蹊径,求取新解。如,学了《事物的正确答案不止一个》之后,让学生自己总结课文,并强调要联系自己的生活体验作多向思考。学生从不同侧面说出了自己独特的阅读体验:(1)事物的正确答案不止一个,若我们慧眼独具,有敏锐的观察力,我们就能发现得更多。(2)解决问题的途径很多,只要有信心、恒心和毅力,我们就能找到最佳方案。(3)在学习和生活中,我们要多解、新解、巧解各种问题。(4)与人相处要善于换位思考,思他人所思,这样才能建立良好的人际关系。(5)遇到困难和挫折时,不要灰心沮丧,因为倘若能转换角度思考,就有可能会"柳暗花明又一村"。学生在写作时,往往局限于思维定式,思路不开阔,内容单薄,这就需要加强发散性思维(多向思维)的训练。以"水滴石穿"为例,学生通常只想到恒心和毅力,若引导学生分别从"水""滴""石""穿"四个角度写出不同的构思,结果学生总结归纳出"弱能胜强"或"柔能克刚";不要轻视"小";要敢于碰硬;顽石是可以攻破的等等观点。

四、想象思维训练

想象是在头脑中创造新事物的形象,或者根据口头语言或文字的描绘形成相应事物形象的过程。爱因斯坦说:"想象力比知识更重要,因为知识是有限的,而想象力概括世界上的一切,推动着进步,并且是知识进化的源泉。"想象思维可以通过情节续写、内容扩写进行训练。

如教师在教学《皇帝的新装》一文时,要求学生根据课文内容、皇帝的性格进行想象:皇帝在游行完毕后会想些什么,做些什么? 同学们有的想象皇帝得知受骗后恼羞成怒,派人捉拿骗子,但骗子早已逃之夭夭;有的想象皇帝得知受骗后迁怒于小孩,将他抓来并责问他为何要说真话,显得昏庸至极……

又如《最后一课》,写韩麦尔先生讲完最后一课的情形时是这样结束的:"他转身朝向黑板,拿起一支粉笔,使出全身的力量,写了两个大字:'法兰西万岁!'然后他呆在那儿,头靠着墙壁,话也不说,只向我们做了一个手势:'散学了,——你们走吧。'"作者在这里没有大段的抒情和描写,也没有大段的议论,却含不尽之意于言外。教师教学至此,可引导学生大胆想象,从韩麦尔先生那无言的手势中去体会他难以言状的复杂心态。经过这样的训练,不但加深了学生对课文内容的理解,对人物性格的认识,而且使文章内容得到了再创造,学生的想象思维在训练中就自然得到了培养。

五、形象思维训练

《香菱学诗》一文是小说节选,选自于古典名著《红楼梦》的第四十八回。作者写香菱学诗这件事,是为塑造香菱这一人物形象服务的。对于学诗中的香菱这一形象的理解,可以抓住一个"痴"字,对于学诗,她有着一派痴言——品王维的诗她把整个身心融入其中,与探春对话,自言探春"错了韵了",均可见一斑;她有着种种痴行——为读诗她"诸事不顾",为写诗她"梦中得诗"等等,不一而足;她有着一番痴情——一句"何缘不使永团圆"便已可以让我们体会到她苦涩的真情流露;她更有着一颗痴心——学诗,是这个孤苦无依的女子苦苦追寻的唯一的精神寄托,本是万难实现的,如今得遇机缘,焉得不痴。

学诗的时光,在别人看来本是怡情遣兴的时候,在她,却是苦难多舛的暗淡命运之中虽短暂却又是如此幸福、闪光的日子! 因此,可将一个"痴"

字定为理解香菱这个人物的切入点和关键。

首先,尊重学生的阅读体验,启发学生用感受最深的文句表达对香菱学诗程度的认识,意在引导学生表达自己的阅读体验,从而进一步整体感知文章;其次,在学生概括的基础上,将众多概括高度凝练为一个"痴"字,以作为全课的切入点并统领全课;第三,在生生互动、师生互动过程中引导学生在整个学诗的过程中体会这个"痴"字,在过程中整体把握人物形象,就避免了把人物的言行举止以及整体形象分析得支离破碎;最后,通过教师的小结再次强化对人物完整准确的认识。

鉴于学生品读诗歌的经验有限,而理解三首诗的梯度,尤其是理解第三首诗的情感对于学生深入理解香菱这个人物将起到很重要的作用。因此,首先将三首诗的简单注释在上课前让学生了解;其次,在课上补充《红楼梦》第四十九回开篇的部分相关情节,这是对香菱学诗结果的必要交代,可以使得整个学诗过程更趋于完整;第三,在课上,师生合作完成对三首诗的简单品读,为突破难点打下基础;最后,教师小结,引脂砚斋的相关资料,将对这一人物的理解提升到一个新的层面。

古人云:"授人以鱼,只供一饭之需;授人以渔,则终身受用无穷。"要让学生吃到更多的鱼,最好的方法莫过于教学生学会打鱼。如果我们教会学生掌握一定的思维方法,让学生有意识地训练自己的思维,对于学生掌握和运用知识,往往能起到很大的促进作用。

第三节　语文教学中学生思维能力和创新意识的培养

创新意识主要是由好奇心、求知欲、怀疑精神、批判精神构成。《课程改革标准》明确指出:"现代社会要求公民具有良好的人文素养、科学素养、创新精神、合作意识和开放的视野,以及多方面的基本能力。"尤其强调在教学中重视学生的思维能力的培养,尽量避免语文教学不讲方法、不留余地,呈现一种"零思考"状态,要给学生思考机会,营造思考问题的情境氛围,培养学生的思维能力、创新意识。

如何在语文教学中培养学生的思维能力和创新意识?

一、根据插图,培养思维的连续性,鼓励创新

小学生的思维特点是以形象思维为主,逐渐向抽象思维过渡。1～2年级的学生以形象思维为主,在学习《美丽的公鸡》一课中,借助教师的画图——大公鸡,让学生看图,说出大公鸡的颜色、体态、神情,给学生一种亲切、直观的印象。学生很容易把大公鸡的样子说出来,这样一来就自然训练了学生的形象思维。

教师在教学第四册《难忘的泼水节》一课时,可以先让学生看图,说出图中的内容,直观体现。学生纷纷说:"周总理穿傣族的服装,扎着头巾和傣族的男男女女、老老少少在一起,脚踏美丽的花瓣,载歌载舞,互相泼水,互相祝福。""你们看到的只能用一段话表述的内容,而作者为什么能写出二百来字的文章,他的奇妙之处在哪里?"抓住这个机会,使学生的思维由形象思维向抽象思维过渡,引导学生将画面内容延伸。画面只是瞬间的事。在这幅画之前会发生哪些事情、场景,人们的心情、语言,会做些什么;画面之后,又会出现哪些场景,人物会有哪些活动、语言、内心……通过教师启发引导,学生很快说出傣族人为迎接总理的到来,所做的准备,激动的心情……总理和傣族人在一起共度泼水节,人们对总理的无限崇敬和爱戴的心情,自然浮现在眼前,学生都能用自己的思维方式想象出泼水节的热闹场面,思维有所发展,想象内容有所创新。

二、联系生活实际,训练发散思维,培养创新

思维是人脑对外界事物的反映。时间、地点、人物的不同,思维的形式也不同。

教《称象》一课,在学习课文之前,教师将"有一头大象,无法称重量"这件事告诉学生,让学生帮助想办法,学生思维的积极性被调动起来了,学生纷纷说出自己的想法,把学生的想法与课文中的官员、曹冲的想法相比较,看谁的方法最好,这样就发散了学生的思维,培养了学生的创新意识。

又如:在小学生学习古诗文《所见》时,学生了解了"牧童骑在牛背上唱歌,突然停下来,要捕捉在树上啼叫的蝉的情景"。教师随机引导学生想一想在这个场面之后应该发生什么?学生很快说出牧童要捕蝉,教师随机又提出:"牧童捕蝉时的动作、表情怎样?"学生说:"轻轻地向蝉的位置走去,屏住呼吸去捕。捕的刹那间动作要快。"教师又随机引导学生想:捕后会出现什么样的结局? 心情怎样? 学生的思维非常灵活,反应加快,愉快地说:"两种。一种是捕捉到了,高兴地骑着牛、唱着歌回家去了;另外一种是没有捕捉到,非常失望地牵着牛回家了。"这样,调动了学生思维的兴趣,又培养了学生思维的灵活性,这是超越课本的创新。

三、依据人物的表情描写,引导学生抽象思维,培养创新

青少年心理学上讲:小学生的思维是由形象思维过渡到抽象思维的,尤其是到了小学三四年级。教师在这个阶段教学中力争向这方面努力,使学生思维自然过渡。

在学习《爸爸和书》一课时,抓住"'走这么长的路是很累的,但是,不这样做的话爸爸就没法给你买这本书!'我仿佛觉得爸爸是含着热泪在说这番话的。"引导学生抓住"爸爸是含着热泪说这番话的"让学生思考为什么爸爸含泪说话,此时此刻爸爸的心情怎么样,爸爸心里在想什么? 通过学生讨论理解,把爸爸当时的心情、想法都弄清楚了,学生对爸爸的良苦用心理解得更加深了,父子之间感情真正的沟通了,学生的思维由形象过渡到抽象,理解课文由肤浅变深刻了。

四、把握正面教育,教会学生辩证思维,培养创新

任何事物都有它积极的一面,也有它消极的一面,在培养学生思维的同时也要培养学生辩证客观地看待问题、分析问题,灵活地解决问题。

学习《诚实的孩子》一课时,引导学生发挥想象,提出问题,为什么列宁会打碎花瓶? 在解决问题的基础上,使学生知道在不同的环境,做事的心情不同,行为动作受到约束,会有想不到的事情发生。那么我们做事要诚实,这样人们才会喜欢你、信任你。使学生懂得了诚实是做人的一个标准,同时知道处理问题是允许有善意的谎言的。如《灰雀》一课,如果男孩只讲诚实不顾面子,对列宁说了实话,反而不如不说实话,变相暗示,达到两全其美,使事情处理得更好。

教师在对学生进行正面教育时,还对他们进行辩证的思维教育,使之遇事能灵活机智地处理。

五、抓住文中关键的语句,激发逆向思维,培养创新

事物是千变万化的,人脑对事物的反应也是变化的、形式多样的。教学中注意激发学生的逆向思维,促使学生思维向更深更广的方向发展。

第四节　在中学语文课堂教学中培养学生的思维能力

一、如何在中学语文课堂中培养学生的思维能力

中学语文教学除了要突出语言基本训练外,最主要的是应把语文的语言训练与学生的思维训练结合在一起,发展学生的思维能力,从而达到掌握和运用知识的目的。对此,叶圣陶先生在致范守纲的信中强调指出:"再溯到根源,语言与思维分拆不开,语言要说得正确有条理,其实要头脑想得正确有条理。"因此,语言训练与思维训练同时并举。那么,在语文课堂中,如何用"语言训练与思维训练同时并举"培养学生思维能力呢? 可从下面几方面进行。

(一)拓宽学生知识范围,丰富学生思维源泉

培根说:"知识就是力量。"从一定意义上说,知识也是进行思维的依据和源泉。思维活动是在一定知识的基础上进行的。试想一个知识贫乏、视野狭小的人,他的感知对象也必然少,那么怎能建立起丰富的形象思维呢? 那他就根本谈不上逻辑思维和创造力的发展了。因此,教师在语文课堂上,应积极引导学生像蜜蜂酿蜜一样,行千万里路,采亿万朵花,广泛地博采、提炼、获取有规律的知识,建立起知识库,并以这些知识库为凭借,开发智慧的宝库,丰富学生思维的源泉。

(二)抓住课堂中"教"与"学"的关系,培养学生学会怎样思维

从教育理论观来说,语文课堂教学是教师传授知识的过程,也是学生掌握知识的过程。是教师的"教"和学生"学"的双边活动的过程。教师的"教"主要是启发、引导学生学会动脑筋,给学生以"点石成金"的"手指头"。而学生的"学"指学生在学习过程中积极通过自己的思考、比较、研究,主动参加"知识生产",经过消化、吸收,把知识转为能力,从而促进自身的思维向前发展。

这样,教师在课堂上首先激发学生学会思考,养成良好的多思善想的习惯,具有强烈的求知欲和进取精神。其次引导学生多角度、全方位地进行思维,从正向、平面到异向、立体,从形象到抽象地进行思维。如指导学生阅读一篇课文可采用"五步法"进行自读,即一问"写什么",二问"怎样写",三问"为了什么",四问"有何特点",五问"有何感想"。这样层层递进阅读,使学生不仅从文章内容、结构、思想等方面把握了文章,而且推动了学生的思维由感性认识(形象思维)向理性认识(抽象思维)发展,更重要的是在阅读训练中,学生自己学会了怎样思维。

(三)精心设计练习,锻炼学生的思维能力

语文课堂中"以练为主"中的"练"不仅对巩固知识、形成知识迁移起作用,而且对学生思维能力的发展起至关重要的作用。

教育心理学认为,儿童的智力如同肌肉一样,不训练就会退化。所以在语文课堂中,要精心设计和安排练习,锤炼学生思维能力,使之不易退化、萎缩。精心设计和安排练习,首先在学生实际水平范围内增加其练习难度,使学生在学与练的过程中,开动脑筋,解疑排难,从而有效地锻炼学生的思维能力。其次,练习设计和安排应符合科学性,尽量避免不动脑筋的机械练习,注意练习的广泛性、综合性、持久性。再次,还应充分利用课后的"揣摩""借鉴""运用"的思考练习,把思维训练落实到练习中,如《阿Q正传》文章的教学,可利用课后的练习,引导学生领会小说的人物形象以及阿Q精神胜利法产生的社会环境和自然环境,从而培养出学生阅读、欣赏小说的能力,提高其思维能力。利用课后练习训练学生的思维能力,实质是变教师的分析课文的过程为学生"读、思、练"的过程,这无疑促进了学生的思维能力的发展。

(四)启发学生学习兴趣,培养学生良好的思维能力

兴趣是学习的动机。孔子说:"知之者,不如好之者,好之者,不知乐之者。"法国教育家第惠多斯对激发学生兴趣作了精辟的阐述:"教学的艺术,不在于传播本领,而在于激励、唤醒、鼓舞。"心理学家也认为,学生学习的目的、意志、兴趣,三者是相辅相成的。因此,语文课堂教学要培养学生的思维,必须善于激发学生的兴趣,吊起他们学习的"胃口",启发他们津津有味地学习,在学习中养成良好的思维习惯。课堂上激发学生学习兴趣可采用多种方式进行:或经常用感情打动学生,激发他们的热情,使"教者动情,学者动容",这样师生感情融洽地把学习当成乐事,从而推动学生思维的扩展;或在课堂教学中利用"诱导"方式,把学生引入思维的境地,形成"教师循循善诱于前,学生孜孜以求于后"的局面,使学生始终保持旺盛的求知欲而不因暂时的困惑而失去信心,进而促进学生思维稳步地发展;或创设问题情境,使学生产生矛盾心理,然后鼓励他们去解决疑难,寻求答案;或进行"点化",在学生"将悟"与"未悟"的节骨眼上,进行"点化"、疏导,使学生思维产生兴奋点……通过上述不同的激趣方法,最大限度地调动了学生积极性和主观能动性,使他们善于开动"机器",独立思考,具有良好的思维能力。

二、如何在语文教学中培养学生的思维能力

在教育改革的浪潮中,在新课改全面实施的今天,每个教师的教育理念正在发生变化,通过教学培养具有创新精神和创造能力的高素质人才,已成为我们在未来竞争中赢得主动权、抢占制高点的关键所在。学习贵在创新,在教学中如何通过一系列方法和技巧,创造一种和谐、宽松的教学环境,让学生大胆质疑、积极思维、驰骋想象,全面培养学生的思维能力一直是我们深入探究的课题方向。

(一)创设意境,培养学生的探索性思维

叶圣陶先生指出:"作者胸有境,入境始于亲。"要更好地学习和掌握文本,当然离不开文本所创设的意境。创设意境就得调动学生的想象,培养学生的探索性思维。当学生的智力与非智力因素(情感、意志等)凝聚在一起,正如孔子所说的"不愤不启,不悱不发"时,老师的提问要注重开放,找好切入点,激发他们智慧的火花,变"教师问学生"为"学生向教师质疑",充分发挥学生的主动性和积极性。如在教《天净沙·秋思》时用枯藤、老树、昏鸦……这些固有的常事、常理、常情去理解落寞、单调的秋景,并让学生去质疑——这样写表达了作者怎样的思想感情?学生积极讨论,明白了作者心中凄凉、落寞的情怀,情寓于景,景中含情。学生不仅理解了诗意,体会了诗情,领略了诗境,还培养了探索性思维。

(二)标新立异,培养学生的独立创新思维

创新思维的特征是敢于标新立异,独树一帜。孔子说:"学而不思则罔,思而不学则殆。"教学中,教师要善于引导学生驰骋想象,从已知信息中产生大量变化、独特的信息,然后独立创新。

如教师在教授《死海不死》一课时,课文中最后一句是"那时死海真的要死了"。教师提出一个问题:"大家想想,有什么方法能让死海不死呢?"学生说只要保持约旦河的水源就行了。"怎样保持?"教师从环保的角度因势利导,启发他们继续思考。有学生终于说到了点子上:"在约旦河上游和沿岸植树造林,防止水土流失,保持水量。"这样引发的思考,不仅让学生收获更多的课外知识,也为学生的思维打开了一扇窗,让学生走进一个精彩的世界,培养发散思维和独立创新能力。

(三)假想猜测,培养学生的科学性思维

假想猜测是对沿袭已久的事物产生怀疑,大胆假设,在客观评价既成事物的基础上,探索新的结论。

如教师在教杜甫的《绝句》时,学生提出这样一个问题:"'门泊东吴万里船'是门外江边停泊着来自东吴的船只还是远去东吴的船只呢?"教师引导学生大胆提出己见。学生假想迭出,且都有一定的道理,都能自圆其说,但是哪一种释义更好呢? 后来教师和学生一起查找资料,并引导学生结合客观实际用科学的思维方式有根据地猜测假想,最后觉得"门前停泊着远去东吴的船只"或"往来西蜀与东吴之间的船只"更符合当时特定的历史环境与事实。

(四)横向联系,培养学生的广阔性思维

横向联系就是抓住文中的段落,运用联想的空间,培养学生广阔性思维。

如教师在教朱自清先生的《春》时,用热情洋溢的语言描绘春天,使学生眼前仿佛展现出春光明媚、春风荡漾、绿满天下的美丽景色,将学生的感情诱导到作者对春的"新、美"之情中去。他们感知的不仅有色彩,还有动态、静态的物象和悦耳的音乐,甚至可以嗅到芬芳的气息,感触到春天的温度和湿度……这种空间层次的延伸、心灵时空的转换,对于促进学生联想,激发情感因素,培养广阔性思维实在是一种催化剂。

总之,时代呼唤教育必须培养学生的创新精神。新的课程标准明确提出,以全面提高学生的科学素养为宗旨,以培养学生的创新精神为重点,以促进学生学习方式为突破口。因此,只有教师在教学中真正树立创新意识,学生的创造意向才能得以培养,其创造个性才能得以弘扬,才能更好地适应教育发展的需要。

随着社会向前发展,现代语文教学要随着社会前进的步伐不断改革创新,不能只限于让学生掌握尽量多的词汇和通晓文法,更应该注重培

养学生的思维能力。语文教师应该非常清楚在语文教学中学生思维能力培养的内容,掌握培养学生思维能力的训练方法,结合学生的实际情况,交给学生一把开知识宝库之锁的钥匙,给学生创造未来的锐利武器,为学生将来更好地发展打下坚实的基础,培养出社会需要的社会主义新时代人才。

三、在小学语文教学中小学生创新思维能力的培养

小学语文教学中,培养小学生的创新思维能力,既是教育大纲的要求,又是适应建设创新型国家的需要。为此,笔者紧紧围绕小学生创新思维能力培养,在教学中勇于探索、实践,总结出了一些好的经验和做法,并取得了较好的效果。

《小学语文课程标准》强调:"形成良好的公民道德素质和勇于探究、创新的科学精神,已成为我国基础教育必须担负的重大责任。"那么,如何在小学语文教学中培养学生的创新精神呢?应从五个方面入手:

(一)巧设疑难,激发思维

"动脑筋、有创意地生活是时代对儿童提出的要求,它旨在发展儿童的创造性和动手能力,让儿童能利用自己的聪明才智去探究解决问题,并在此过程中充分展现和提升自己的智慧。"(选自《小学语文课程标准》)因此在教学中,教师要充分利用学生的求知欲,激发学生的好奇心,鼓励学生质疑问难,让学生在理解现有的知识基础上,去总结经验、探索规律,从而培养学生的创新精神。

例如:教师在教学《她是我的朋友》一文时,可以让学生根据课后练习,从文章中找出阮恒献血前和献血时神态和动作的句子,让他们去思考:阮恒输血时为什么突然啜泣,并且用手捂住脸?他摇头表示不疼,为什么他要竭力掩盖自己的痛苦?他为什么这样痛苦?让学生在疑问中去反思、创新,从而了解这篇课文的写作意图和中心思想。

在教学《我家跨上了信息高速路》一文时,考虑到农村小学生对网络

知识了解较少,在学习时一定会提出:"电脑网络到底是什么呢? 网络有什么用处? 真的有这么神奇?"等问题。教师可以演示、讲解、质疑,这不仅加深了小学生对课文内容的理解,还提高了课堂教学的效果。

(二)提倡自主,促进创新

新课改倡导学生主动参与、乐于探究、勤于动手,培养学生搜集和处理信息的能力、获取新知识的能力、分析和解决问题的能力以及交流与合作的能力。培养学生自主学习,就要激发学生的学习兴趣,减轻学生阅读时的心理压力,提高学生的感悟能力,让学生感到阅读是一种享受;要创造一个良好的学习环境,让学生在潜移默化中感悟文章内容的艺术美和思想美,使学生感到教材不仅是知识的载体,更是艺术与思想的结晶。

在教学《颐和园》一文时,教师可以出示颐和园的几幅优美风景画,学生们立刻就被画面所吸引,教师顺势利导,让学生根据自己的兴趣爱好,从文章中选出相对应的段落去朗读,从中品味文章优美的语言,感受颐和园迷人的景色。学生们劲头十足,情绪饱满,热情高涨。本文要求学生可选择喜欢段落背诵,为了减轻学生学习负担,教师采用自主学习、小组合作、朗诵比赛、我是小导游等多种形式教学,让学生在品味颐和园的优美景色和感受祖国的壮丽山河中,熟悉和理解文章内容,以此提高他们的背诵效果。

(三)解放学生,发挥潜能

解放学生的口,就是使学生去主动学习和独立思考,让他们的想象力自由发挥。因此,在教学中应加强对学生说的训练,让他们多问几个为什么,多给他们说的机会;教师要精讲,把说的机会留给学生,从而提高他们的口头表达能力。

解放学生的手,就是要鼓励学生敢于动手、善于动手、勤于动手。语文教学中的动手,不仅要求学生会写字,还要把字写正确、写美观,通过动手培养学生独特的思维能力。例如在教学古诗《江南春》时,学生在理解诗意感受到诗句美的同时,让学生画出诗人笔下的美景。学生在动手的基础上,进一步加深了对古诗美的形象感受。

解放学生的脑,要让学生通过自己的思考去体会克服困难后的愉悦,感受成功的快乐。在教学中,要鼓励学生解放思想,开动脑筋,大胆思索,培养学生独立思考能力和勇于创新精神。

(四)创设佳境,发展创新

利用情景模拟与角色扮演进行教学活动,是为了让学生获得某些难以身临其境感受的知识和真切的体验。如在教学《陶罐和铁罐》一文时,教师让两个学生分别扮演陶罐和铁罐角色去朗读课文,使他们在朗读中深刻体会铁罐的傲慢无理和陶罐的谦虚忍让,以此让他们感受自己智慧的力量,体验创造的快乐。

教师要善于创造问题情境,引导学生围绕问题多方位、多角度思考、讨论,鼓励学生敢于提出独特见解,促进学生创造性思维的发展。如在教《长城》这课时,教师和学生一起找几幅雄伟壮观的长城风光图,先让学生通过视觉欣赏长城的高大坚固:像一条长龙,在崇山峻岭之间蜿蜒盘旋,全长13000多里,是用巨大的条石和城砖筑成的。城墙顶上铺着方砖,十分平整,像很宽的马路,五六匹马可以并行。而后教师用生动形象的语言、教学挂图以及现代化教学手段进行课文讲解,让学生在如诗如画的情景中,领悟文章的主旨,从而使他们为之所动,为之感动,产生共鸣。

(五)内外延伸,拓展空间

学生在课堂上学到的知识是十分有限的,课本以外的生活是学生创新思维能力的源头活水。教师应引导学生由课内延伸到博大的知识领域里,为学生的认知、语言、思维、情感等活动,提供取之不尽、用之不竭的资源。

组织学生出去踏青。春天来了,教师可以组织学生到田野里、小河边去寻找春天的气息,培养学生的观察能力,让学生能够自己寻找所需要的东西、素材。有了深刻的亲身感悟,他们领悟到大自然的美丽和神奇,才有更多的话可说、更多的素材可写。

组织学生举行"故事会"。让学生自己去利用图书、电视、网络搜集、整理资料,然后开展一次"看谁的故事好"的主题班会,让每个学生都能把自己所读到的、听到的或经历过的有趣的故事用自己的话在班会中讲出来。这样,既提高了学生的口头表达能力,增强了学生的胆量,又能培养学生自主学习、阅读课外书籍的习惯,为以后的作文教学奠定基础。

总而言之,我们应根据小学生的心理特点和认知规律,在教学中根据教材内容灵活地选择运用,使教育真正成为培养学生创造性思维的一片沃土、培养孩子创新能力的一块天地。

四、如何在作文教学中培养小学生的创造性思维

(一)在观察中培养学生的创造性思维

在运用观察方法进行观察时,要注意把观察和思考结合起来,做到边观察边思考,使学生对所观察的事物产生新鲜的感受和独到的见解。比如,让学生们观察春天的校园,然后写一篇赞美校园的文章。众多的学生会从观察校园的树木、花草入手去观察。而有的小朋友却另辟蹊径,从观察师生的精神面貌入手,先写同学们洋溢着春意的笑脸,再写校园整洁的环境、天空飘荡的柳絮以及暖和的春风,表达了自己对春天的赞美和喜爱之情,从而体现了作者的独到之处。此外,在观察同一事物时,教师还要训练学生站在不同的角度、按不同的顺序进行观察。这些训练,对提高学生的作文能力,对培养新时代需要的具有创造力的人才是极为重要的。

(二)进行多角度的思维训练,培养学生的发散思维

就作文的立意来讲,同一素材,如果从不同的角度,运用不同的观点

去分析、认识,也会得出不同或者相反的立意来。比如小草这一事物,从它生长的特点看,小草具有顽强的生命力,它不怕风吹雨打,能在艰苦的环境中生存,可以说哪里有水、空气和土,哪里就有小草的存在。"野火烧不尽,春风吹又生"是小草顽强生命力的真实写照。所以,人们往往用它来比喻人类所具有的顽强品格。另一方面,从小草的生存价值来看,小草危害庄稼的生长,它对人们又是个不利的因素。同样,在小学生的作文中,往往有这样的内容出现:路旁有被撞倒的自行车,公共场所有未关的水龙头……对这些见惯了的内容,很多小朋友常常是不假思索地把它作为自己学习雷锋、做好事的素材,他们是否还能想出这里边包含着其他什么道理呢?实际上,只要教师稍加引导,或者只要小朋友多动脑筋,凡事问个为什么,就不难得出与前者截然不同的立意来:自行车为什么随便摆放,撞倒自行车的人哪里去了?自来水为什么没关,人们为什么对流淌的自来水的龙头视而不见?这说明了什么问题?这些问题都可以引起学生的多向思维。

(三)选材上的创造性培养

选材上的创造性体现在所选取的材料新颖、独特、不落俗套等方面。

曾经看到这样一则电视广告:在大雪飘零的严冬,一只鸡蛋掉进了鞋里,一会儿从鞋里钻出一只小鸡来……制作这则广告的人用意很明显,是告诉大家这种鞋很暖和。这则广告令人们记忆犹新,它所产生的影响不知要比直接道来的做法深远多少倍,因为它一反前人所为而进行了创新。

目前,在作文选材的问题上,有的教师并没有注意到创新的问题,学生的创造能力没有得到施展,常常出现这种情况:写学雷锋做好事,往往是走路捡到钱包交给警察叔叔,扶老人过马路;写歌颂老师,往往是学生有病,老师看望、补课等等。让人一看上文,就能猜出下文如何。有的学校每年组织春游、秋游,游完之后要求学生写作文,你也写,他也写,英雄所见略同,就不免千篇一律了。克服这个毛病,要求教师引导学生发现新角度,在选材上创新,坚持"人取我弃,人无我有,人有我优"的原则,写出人人胸中皆有,人人笔下俱无的新颖、独到之处来,从而使学生的创造能力得到培养。

(四)在谋篇上培养学生的创造性思维

作家柳青说:初学写作的人,一定要培养独创的精神,从一开始就培养这种精神。面对一种题材,反复地研究,创造出你自己处理这种题材的方法,尽管粗糙、水平低,但这是创作。如果是从别人文章中套来的,可能高明一些,但这不是创作。所以在作文技巧上,我们提倡借鉴,对于低年级学生来说,模仿不是不可有,但要讲求实效,要限制,中高年级要重点培养学生的创造能力。什么获奖作文、优秀文选,尽量在学生作文后阅读。有的教师在作文前习惯读些范文,或者提出很严密的框框,这样就束缚了学生的手脚,不利于学生思路的开拓,长期下去就会使学生养成踩着别人脚印走的习惯,不利于学生创造能力的培养。在写作技巧上,培养学生创造力的最好的办法是放手大胆地让学生自己构思,让他们从自己的实践中探索规律,这样在作文中才能形成一套自己所特有的风格。

(五)在作文中加强想象能力训练

培养学生的创造性思维,离不开想象能力的训练,想象是创造力的翅膀,一切创造性的活动都离不开想象。秦牧把想象比作"思想上的野马",有了它,思路就开阔,思维就灵活,语言就丰实,写文章时就会妙笔生花。有的教师通过作文命题有意识培养学生的想象能力,如低年级的看图编故事,中高年级的想象作文"当我 20 岁的时候""2050 年的中国""假如我当校长";在阅读教学中,通过想象体会作者的感受并写下来。

如学习《假如只有三天光明》一课时,有的教师让学生闭上眼睛体会一下什么都看不见的滋味,然后以"假如只有三天光明"为题写自己的体会,这些方法都有利于培养学生的创造性思维。

五、语文教学中培养学生创造新思维能力的实践探索

(一)语文教育创新研究的背景及意义

1.时代的需要

知识经济时代迫切需要有创新意识、创新精神和创新能力的人才。可是,一个民族及其成员个体的创新能力,总是扎根在这个民族广阔而深厚的文化背景之上,尤其是在掌握和运用本民族语言的过程中逐渐形成不断提高的。可以这样说,我们的语文教育,作为中华民族的母语教育,与培养新时代新一代成员的创新能力,有着极为深刻的联系,因此研究中学语文教育及如何培养学生的创新思维能力,改革中学语文教学,推进素质教育,正是本课题研究的要义所在。

2.学科的需要

培养学生创新新思维能力是语文学科的需要。语文教育作为中学教育中最重要的基础工具和基础文化学科,对培养学生创新思维能力负有特别重要的责任,何况语文学科本身蕴藏着丰富的有利于培养学生创新思维能力的因素。人所共知,语文在悠久的历史发展长河中,其语言形式、文字结构、优秀作品中深深积淀着中华民族的传统精神和智慧。几千年来的传统语文教育素有因材施教、启发诱导、学思结合、自悟自得、注重语感、重视实践、温故知新、教学相长等有利于培养新思维能力的积极因素。但其扼杀人性及创新能力的弊端也同样存在,当今社会上和教育界关于对语文教育的重新审视,有力地推动着语文教育的改革,以培养创新能力为基本价值取向及重要追求目标,不失为新时代语文教改及促进语文教育发展的一个正确抉择,是语文学科自身发展的必然要求。

3.学生的需要

培养创新能力是学生可持续发展的需要。中学生是祖国的未来,是现代化建设的劳动者,其创新能力的有无、综合素质的高低,直接关系到社会主义现代化建设事业的成败。无论是升学或就业都向中学生提出了相应的创新精神和创新能力的要求。社会的这种要求又转化为中学生自身发展的内在要求,成为中学生可持续性发展的客观要求。

(二)语文学科创新教育研究的目标与内容

1.研究的目标

语文学科创新教育以创新教育观(创新精神、态度、价值观)的导向为核心,以创新知能(创新知识、思维、技能、方法、能力)的积累为基础,以创新思维行为养成为标志。具体包括以下几方面:

(1)在语文教学中培养学生的创新意识。包括求知的欲望与好奇心,语文探求问题的心理取向,善于发现和思考学习中碰到的难题,有坚定的意志品质和自信心,树立为地方经济和家乡建设而创新的理想和信念。

(2)在语文教学中发展学生的创新能力。包括明确学习目的,勤奋学习,初步打下创新的基础知识和基本技能,掌握创新学习方法,养成创新学习习惯,具有敏锐的观察力、丰富的想象力、独特的知识结构和创新思维。其中创新思维是整个创新活动智能结构中的关键因素。

(3)在语文教学中开发学生的创新能力。包括对外界信息的接受、筛选、分类、加工、应用的能力,学会学习的能力,质疑问难的能力,学会观察、分析和解决实际问题的能力,语言表达能力和写作能力等。

(4)在语文教学中培养创新个性。包括竞争意识、协作意识、风险意识、独立自主意识、创新意识、大胆探索、勇于实践意识等等。

2.研究的主要内容

在语文创新教育中,探索语文教学中培养学生创新思维能力的方法、途径、操作措施、评价策略等模式,不断构建以"学生发展为本"融"教、学、创"于一体的语文学科创新教育新体系。

六、语文学科创新教育研究的具体措施

(一)语文创新教育基本思路和运作过程

以培养学生的创新思维能力为核心,以语文课堂教学、作文教学、阅读教学、口语教学为落脚点,以课文分析、写作训练、诵读训练、语感训练、诗文欣赏、调查观察、社会交际为突破口,以提高学生创新思维能力为目标。其基本运作过程为:紧密结合培养目标与学生实际,及时对学生开展创新教育,在改革课程模式、教学方法、手段,实施个性化差异教学的同时,借鉴国内外语文创新教育的成功经验,以尊重学生人格,张扬学生个性,挖掘学生创造潜能,发展学生个性和特长为突破口,全面实施"创新教育五个一教学"工程。培养学生愿学、乐学、自主学习和奋发向上的心态,树立学习信心、提高学习能力、创新思维能力、社会交际能力,最终达到提高学生创新思维能力的目的。

(二)具体措施

语文学科创新思维能力培养的具体措施可概括为"五个一"工程,即一个利用,利用口语和作文训练,培养学生创新能力;一个结合,结合教材的相似性,开展相似思维训练;一个根据,根据教材的差异性,开展求异思维训练;一个感知,感知教材现象性语言,开展现象思维训练;一个紧扣,紧扣教材多面性,开展侧向思维训练。

1.利用口语和作文训练,培养学生的创新思维能力

(1)口语训练中培养学生的创新思维能力。

口语训练是培养学生创新思维能力的重要途径。口语训练的形式多种多样,方法不拘一格,口语训练须确定训练目标。设计训练内容,讲究训练方法,注意训练艺术,提高训练效果。

训练内容:根据老师所给画面,展开想象,从不同的角度去思考回答(教师将绘有数棵小树的图画挂在黑板上)。

提示:可从小树与自然的关系,小树与人的关系,小树与周围环境的关系等不同的角度去回答。

训练方式:独白、抢答、讨论、口头作文、组别辩论等。

课堂组织形式:体现教师的主导作用和学生的主体作用。可在教室内也可带领学生到教室外合适的景点。

训练后的作业:以"小树"为题开展发散性思维训练课堂教学后的调查报告、感想、随笔。字数不少于 600 字。

点评:一石激起千层浪。用此种方式开展课堂教学,有利于调动学生的学习积极性、主动性和创造性。可使每一个学生根据自己的特点提出不同的看法,可利用他人之长补己之短;它面向全体学生,有利于学生开动脑筋、积极思维,提高思维的敏捷性、口语表达的灵活性、准确性;可充分发挥学生主体的潜能;张扬学生的个性,既训练了口语表达能力、发散性思维能力,又训练了语言表达能力、写作能力。然而,以培养学生发散性思维为目标的口语训练课堂教学必须针对学生实际,训练内容要合适,训练目标要求不宜过高,课堂组织形式灵活,要充分体现学生的主体作用,基础好的班级可让学生自己组织、自己管理。

(2)作文训练中培养学生的创新思维能力。

多年来的教学实践证明,通过作文训练来培养学生的创新思维能力是中学语文教学的一条重要途径。

转变观念,树立作文创新新观念、新意识,并以此来指导自己的作文。具体措施是:一是开展全校性的创新教育专题讲座;二是定期组织教师、学生学习创新教育、创新作文有关理论,向学生不断输入创新思想,创新理论知识、方法、技巧等;三是开展创新作文大赛,每学期组织一次小的比赛,每学年组织一次大的比赛,并开展组织评比,实行奖励措施,并与学分、评优等挂钩。

不圈题,不定范围,不限文体,不限字数,只限篇幅。把作文的主动权让给学生,努力激发学生的写作热情、欲望、兴趣,想写什么就写什么,把自己的真情实感写出来,但内容健康。多少年来的教学实践证明:学生怕写,教师怕改。作文教学少、慢、差、费,学生作文能力提高不快。究其原因:一是受应试作文的影响;二是教师定框架;三是学生无兴趣,被动写作;四是缺乏真情实感。而把主动权让给学生,可充分发挥学生主动性、创造性,鼓励学生大胆想象、大胆独创、张扬个性,可调动学生的创造潜能,使学生放下无形的包袱。在教师有目的、有意识的引导下,可使学生的创新精神和创新能力得到良好的培养。

指导学生大胆质疑,用批判的眼光去看待事物。具体做法是:一是鼓励学生对教材内容、作者的观点提出质疑,大胆发表自己的见解,如对《雷雨》中周朴园这个人物的评价,《项链》中玛蒂尔德的评价等等。二是鼓励学生打破思维定式,不满足现有的定论、答案,敢于否定现存的观点,敢于说出自己的观点,并言之有理,经常开展这种训练,有利于培养学生不迷信、不盲从、善于独立思考、有自己的主见,有利于学生作文创新意识和创新能力的培养。

鼓励学生大胆想象,开展联想。可以同类联想、比较联想、逆向联想。教给学生发散思维的方法、技巧。改变原来的单一思维为多向思维,封闭思维为开放思维,静态思维为动态思维。如此一来,必将给学生带来作文创新思维能力的质的飞跃。

2.结合教材的相似性,开展相似思维训练

相似并不是求同,作为一种科学思维,它的意向效果还是产生相异,最后实现新的发展和发明。可根据教材内容的相似点,展开相似联想训练,这是培养想象力的有效方法。

如教师在教冯骥才《珍珠鸟》一文时,可以让学生思考作者所托之物和所言之志有何相似之处,新意何在?学生回答:小鸟和人的关系与人和人、单位和单位、国与国之间的关系具有相似之处。这种关系有着某种内在联系,小鸟对人由"熟悉"到"随意",由"亲近"到"信赖",这种人鸟友好相处是双方相互信赖、相互理解的结果。由此联想到人与人之间、国与国之间若要友好相处,同样需要相互理解和相互信赖。又如教《松树的风格》一文,先要求学生思考为什么作者从松树的风格联想到共产主义的风格。学生说,是因为松树的风格和共产主义风格是相似的,都具有"要求于人甚少,而给予人的甚多""从不知忧郁畏惧"和"不畏任何牺牲"的品性。通过这样的训练,在学生了解了相似联想的特点后,要求他们模仿范文写一篇托物言志的短文,注意相似性、新颖性和独创性。有一个学生以《小草》为题,写了一篇难得的佳作。在文中,作者从小草的"不择地而生""历经千磨而不退,经历万劫仍能生""不怕风沙""不怕贫瘠和盐碱""不怕池沼",而联想到中国工农红军爬雪山、过草地、为寻求革命的真理而嚼树皮吃草根,不怕牺牲,前仆后继,奋勇向前,为民族的解放、国家的独立而奋斗不息的精神。

3.根据教材的差异性,开展求异思维训练

教师应根据教材的差异开展求异思维训练。如《察今》一文,文中讲了"循表夜涉""刻舟求剑""引婴投江"三个故事,既可以共同说明一个问题——做任何事情都要根据客观条件的变化采取相应的措施,否则难以取得预期的效果,也可分别引出很多道理,让大家思考并讨论,看看这几个故事能引出多少道理。

结果,学生思考讨论后,从不同角度推出不同的结论。

"循表夜涉"引出的道理:A.应在变中避免损失;B.应在变中求得成功;C.要有应变意识;D.要适应环境的变化;E.要细致不可马虎。"刻舟求剑"引出的道理:A.不可孤立静止地思考问题;B.思想方法的正确与否关系到事情的成败;C.僵化的思维定式、思维模式会产生负效应。"引婴投江"引出的道理:A.认识上的错误必然导致行为上的恶果;B.一个人技艺是不能遗传的。

又如:当学完小说单元(《项链》《母亲》《夜》)后教师提出这三篇小说

都成功地运用了心理描写刻画人物个性特点,揭示人物内心世界。那么三篇小说的不同——"异"在哪里,学生讨论后得出:莫泊桑借助人物的语言、动作、神态来展现人物的心理活动,而高尔基却是以感觉来反映心理,叶圣陶则是以幻觉来衬托心理。通过求异思维的训练,学生领悟到心理描写不单是人物内心的独白,人物的言行、举止、神态,无一不是人物内心世界的真实流露,而成功的心理刻画则是多种手法综合运用的最佳体现。

4.感知教材形象性语言,开展形象思维训练

从感知形象性语言入手,因为形象性语言是作家用来创造形象、绘景状物的工具,是读者感受作品所描写的一切并进行形象再创造的媒介。

如《夜景偶拾》是一篇十分出色的写景散文。作者运用形象性语言描绘了漳河岸边的山野风光,栩栩如生,形象鲜明,给读者以强烈的艺术美感。首先要求学生在默读中划出叠字,体味叠字的形象性和深刻含义。学生甲说,文中用"潺潺"来模仿小河流动的清澈声响,还体现了水流的轻缓情状。学生乙说:作者把拟声词"窸窣"叠为"窸窸窣窣",使野兔跑过触动高粱秆所发出的声音有所加强。"潺潺"和"窸窸窣窣"这两个拟声词,看似平淡,但它们以声衬幽、化动为静、静中隐动,使宁静的山谷充满了无限的生机和活力,犹如一条画好的龙被点上传神的眼睛,一下子活了起来。学生顿悟点头。其次要求学生找出色彩词,细腻而生动地描绘了景色的色彩美、动态美。如夕阳西下时的高粱叶由"青绿色"变成"墨绿",高粱穗由"红里透白"变成"殷红一片"。太阳光线逐渐暗淡,而色彩更加浓了,这种形象逼真的色彩变化,给读者以动态美。最后教师要求学生寻找比拟句体味其形象感,学生答:如作者把那里的地形比作"不太规则的葫芦"一句,就形象地道出了这一带地形的特点;又如作者把公路比拟为"漳河的一位文静的姐妹,静静地伴着自己活泼的同伴",自然贴切,形象优美,启迪读者美好的想象。作者还将动静和色彩融合在一起。在此基础上,作者又通过联想,说明党和人民在抗日战争和社会主义建设时期的光辉历史,并把"缎带"比作"绶带"赐给英雄的土地和人民,比中含比,深化了景物的内在意蕴。《夜景偶拾》之所以感人,是由于作者将自己热爱自然之情融化在美丽的景色之中,通过形象化语言描绘出来,创造出一幅色彩明丽、情景交融的艺术画面。

正如王国维在《人间词话》中说的:"一切景语,皆情语也。"通过以上对学生的启发诱导,使学生的形象思维得到了很好的培养。

5.紧扣教材多面性,开展侧向思维训练

教材内容不是单一的,而是多面的,具有广泛性、多样性、多层次性等特点。教师要充分利用这一特点开展侧向思维训练。

侧向思维是从无直接关系、无表面联系、距离较远的事物中受到启示而产生的顿悟,它是一种比较普遍的心理现象,科学家的发明、文学家的创作,社会活动家作出的某项决定,常常伴有一种突然的预想不到的理解或顿悟。学生在作文,解题或理解某一公式、定理时也都可能出现这种顿悟。牛顿就是在苹果园中散步,看到成熟的苹果从树上掉下触发灵感而发现了万有引力定律。阿基米德从跳进澡盆洗澡时,发现水被排出来而顿有所悟。

因此教师应根据教材和学生实际,紧扣教材内容的多面性特点,带领学生去"悟"。这就要教给学生一些基本的思维规律和思维方法,使学生有章可循、有路可走。例如,阅读课文,从整体到局部,从部分到整体,各材料之间的内在联系,从文章的思路、脉络、结构、中心的分析和概括到写作技巧的认识,写作从审题立意、一题多作、一材多用,材料的分类筛选、详略主次到编写提纲等,都需教给学生科学的思维方法。教师应

挑选生活中的实例,本着精要、好懂、实用的原则通俗易懂地、深入浅出地进行讲解。学生掌握了这些思维的基本规律,就能实现从个别到一般、从现象到本质,举一反三。

在培养学生创造性思维时,教师应注意:一是要有鲜明的针对性、目的性。教师应根据学生和教材实际,精心考虑培养何种思维,达到什么目的;要注意针对性、可行性、实用性、不可盲目行事,信口开河;要紧扣教材内容并挖掘内容与思维训练的内在联系,有的放矢,启发诱导,讲究方法。二是要精心设计练习。外显性很强的语文练习为培养学生的创造性思维提供了广阔的用武之地。因此,语文教师在设计练习时,更应主动自觉精心设计有助于激发学生创造性思维的练习,有意识、有计划地强化创造性思维能力的训练。

七、研究后的反思

要使语文教学中学生的创新精神和创新思维能力获得质的飞跃,不仅要在课堂教学、作文教学、阅读教学、口语教学等活动中获得创新知识和技能,更要在这些教学活动中学会学习、学会创新,树立语文大学科观,将创新思维能力培养渗透到语文课堂内外,渗透到语文教学的各个领域、各个层面、各项活动中去,要求教师要面向全体学生,使每一个学生创新思维能力得到提升。在语文教学中除创新思维能力培养外,还须培养学生的人文素养、文明交往素养、写作素养、心理素养、身体素质及良好的学习习惯、行为习惯、生活习惯等。并把培养具有创新精神和创新能力的人的培养目标写进大纲,以法律的形式规定下来,依法治教。与此同时,必须改革现行语文教材,制定新的课程标准,编写新的教材。积极推进以创新教育为核心的素质教育。唯其如此,才能使创新教育真正落实,才能充分利用更多宝贵的时间,使每一个学生都能获得最佳发展。

第五节　关于培养中小学生语文思维能力
的思考与实践

《扬子晚报》上登载这样一则消息。全国中小学生（江苏赛区）金钥匙科技竞赛在南京举行，来自全国各地的 102 位选手一决高下。竞赛中竟出现了这样十分耐人寻味的一幕：就科技创意能力而言，高中生的表现不如初中生，而初中生的表现又不如小学生。同样一道科幻题，小学生的幻想五花八门，很有创意，而高中生却无话可说。照理来讲，随着年龄与学识的增长，中学生不管在形象思维方面还是逻辑思维方面能力都应该比小学生强，但现在为什么会出现这样的反差呢？

看到这样一则新闻，我不禁想到了中学语文教学过程中碰到的类似的问题。相信我们大多数一线教师会有这样的感觉：年级越低，学生的思维越活跃，课堂气氛越好；年级越高，学生思维越迟钝，课堂气氛越沉闷。这不能不让人感觉到中学生思维的贫乏。

以前的教学大纲和现在的新课标中明确提出要提高学生思维品质、发展学生的思维能力，那为什么还会出现这些问题呢？这让越来越多的人感到困惑。

西方哲学家笛卡尔说"我思故我在"，只有独立思考才能让人的存在具有更坚实的基础。学生学习更重要的是学会独立思考，成为有思想会思考的人。我们现在提倡培养具有创新精神和实践能力的人才，语文教学在培养创造性思维和创新性思维上有着独特的作用和义不容辞的责任。这对教师提出了更高的要求。语文教学要适应新课程改革的要求，转变观念，高度关注思维的意义和价值。这正是全面提高人的素养的需要。教师是教学的主导，教师要做好"导演"的角色，引导学生进入思维状态，养成良好思维习惯，提高思维品质，发展思维能力。在具体的教学过程中，我觉得首先要培养学生积极思考的精神与意识。其次要在学习中让学生掌握思维的一些技巧和方法。再次，要在语文教学过程中始终把点燃学生思维火花方面放在重要位置。下面说说教师在点燃学生思维火花方面的实践体会。

一、情境与氛围

良好的情境氛围首先取决于教师的教学。教师若能吃透教材,充分了解学生,创设积极的、愉快的、融洽的课堂氛围,能使学生处于积极的思维状态,迸发出思维的火花。久而久之,就能逐步培养学生自觉思维、积极思维的能力。如在进行《与妻书》一文的教学时,为了使学生的感情投入到文章中去,教师以充满激情的导语、抑扬顿挫的语调感染他们,把学生带入那种氛围中去。教师这样设计《与妻书》的导语:

司马迁说过:"人固有一死,或重于泰山,或轻于鸿毛。"在以前学过的课文中,我们看到了明末天启年间愤然而起、反抗阉党逆行的苏州五义士,他们激昂大义而蹈死不顾;也看到了19世纪维新运动的重要人物谭嗣同为变法而慷慨赴死。他们是为社稷而死,他们的死重于泰山。今天我们要学的《与妻书》一文的作者林觉民,也同样是在生灵涂炭、国将不国时挺身而出,英勇就义。所以这不是一封普通的家书,它表现了一个革命者的生死观、幸福观。

教室里一片肃静,同学们被先烈的崇高精神所吸引,感情投注其间,在此基础上展开教学步骤。首先从文章中找出表现作者献身革命的豪情的语句,其次找出信中表现儿女情长的句子,再次找出作者把两者统一起来的句子,最后分析作者如何把种种感情表达得如此感人至深,体会文章以抒情贯穿全文、融抒情记叙议论为一体的写作特点。这堂课学生思维活跃,气氛活跃,课堂成了学生发展思维的乐园。

二、示范与模仿

示范与模仿是学习的重要渠道,在思维能力的培养中同样具有不可或缺的作用。通过教师的积极示范与学生有目的的模仿,使学生的思维得到较好的发展与培养。

举作文教学实践中的两个例子。2004年上海高考作文题为《忙》,教师提供给学生一篇公开发表的范文。这位考生紧扣话题巧用三种富有象征性的标点符号:忙是问号、忙是省略号、忙是惊叹号,由此展开论述了"忙要忙得有意义、确定了一个目标就要一直忙下去、在有限的生命里忙出人生的精彩"三个分论点,深入浅出,生动形象。接着要求学生以"对手"为话题,模仿这篇高考作文通过设喻论证的方法写一篇文章。结果很令教师惊喜。一位同学这样写道:对手是洪水,它激发我们强烈的"求生"欲望来避免被淹的命运;对手是烈火,它让你在高温中经受锻炼成就真金;对手是沃土,你如果好好利用,你能在这块土地上汲取养料,成长为一棵参天大树。另一位同学这样写道:我是火把上的火,你是那呼啸的风,我每时每刻都能感到阵阵危机的冷风迎面扑来,总想把我吹灭,可我却越烧越旺。还有一位同学这样写道:对手如峰,令我们从很容易饱和的自我满足中抽身,重新审视自己的渺小;对手如峰,令我们努力向往高峰激发周身的潜能,奋然前行。这样的比喻避免了干巴巴的说教,让人眼睛一亮。学生们在模仿中尝到了甜头。

在"借口"这一话题作文指导时,教师发现同学们不会分析问题,只会翻来覆去唠叨借口是不好的,不能找借口,就是说不出令人心服口服的理由。于是就给同学们做示范,在思考过程中不妨运用"探前因,究后果"的方法。

为此,可以作如下的分析:

生活中,很多人在说着各种各样的借口。(现象)

↓

借口让你自我安慰;借口让你推卸责任;借口让你保住面子。(前因)

↓

借口让你逃避现实,得过且过;借口让你回避问题,无法认识自己的缺点。(后果)

↓

借口，自欺又欺人。它蒙蔽你的双眼，让你在错误中越陷越深，离成功越来越远。（实质）

↓

要抛弃借口，直面失败，正视弱点，改正错误，这样才有可能走向成功。（结论，即中心论点）

以此为框架，一篇议论文就可以完成了。在此基础上，教师让同学们做了几个话题作文的分析构思，学生思维一下子就活跃了起来，他们觉得这并不难，他们也能做得到。

三、探究、质疑与创新

新课标告诉我们，"现代社会要求人们思想敏锐，富有探索精神和创新能力，对自然、社会和人生具有更深刻的思考和认识。高中学生身心发展渐趋成熟，已具有一定的阅读表达能力和知识文化积累，促进他们探究能力的发展应成为高中语文课程的重要任务。应在继续提高学生观察、感受、分析、判断能力的同时，重点关注学生思考问题的深度和广度，使学生增强探究意识和兴趣，学习探究的方法，使语文学习的过程成为积极主动探索未知领域的过程。"

那么，何为探究？所谓探究，就其本意来说，是探讨和研究。探讨就是探求学问、探求真理和探本求源；研究就是研讨问题、追根溯源和多方寻求答案、解决疑问。探究的过程往往是质疑的过程。我们要鼓励学生在自主探究的基础上勇于质疑，敢于标新立异地提出问题，进一步激发起思维的火花。质疑是创新的开始，没有大胆的质疑创新就无从谈起。在探究、质疑与创新的过程中，学生的思维能力会有长足进步。如在《庄子：在我们无路可走的时候》一课的教学时，教师运用了让同学们进行探究、质疑的方法。庄子的精神世界是复杂的，要把握它不是件容易的事情。仅靠教师的灌输是不可能使学生有深入的理解，而探究、质疑的过程才是最有效的，也是最能促进学生思维能力、创造能力的形成的。同学们探究庄子的精神世界，质疑关键词句，讨论如何构建我们遭到破坏的精神家园。这堂课学生们精神振奋,思维的火花不断闪现。他们为了证明自己的观点据理力争,教室里不时响起掌声。

在强调素质教育的今天,教育者唯有重视对学生思维能力的培养,并在实践中积极探索,用科学的方法启发学生的创造性思维,发掘学生的潜在能力,才能培养出具有创造能力的学生,才能推动社会的不断向前发展。

第六节 如何提高学生语文学科创新思维能力

素质教育要求面向全体学生,促进学生各方面的发展,以形成学生丰富而独特的综合素质。这一综合素质的一个极其重要的方面就是创新素质,而培养学生的创新素质关键在于培养学生的创新思维能力。小学语文是一门基础学科,它在培养学生创新思维能力方面具有独特的优势和明确的任务。那么,在小学语文教学中如何培养学生的创新思维能力呢?

一、引奇激趣——迎接创新的使者

激发学生浓厚的创造兴趣和欲望,引导学生多思多问,是培养学生创造性思维的首要工作。在教学中,兴趣又往往表现为一种好奇心,有好奇心才会有深刻而独特的思维方式,才会有发明创造。教师应该加倍爱护学生的这种好奇心,迎来创新的使者,拉开求知的序曲。

(一)巧设悬念

在小学语文教学中,只有让学生以一个探索者、发现者的身份投入学习的思维活动中,才能使学生在课堂的有限时间内迸发创新因素,获得新的知识。为此,教师必须巧设疑问,以悬念来激起学生学习兴趣。如教学《赤壁之战》这篇文章,教师可以向学生提出:曹操拥有80万大军,而刘备和孙权才有3万联军,可是曹操的军队为什么会被打得落花流水呢?这一巧妙的提问会在学生头脑中形成了一个大大的悬念,唤起他们的好奇心,使学习的热情高涨,兴趣油然而生。

（二）创设情境

"作者胸有境,入境始与亲"(叶圣陶语)。小学语文教材大多文质兼美,有的文笔清晰;有的情深意长,富有感染力;有的富有幻想。在教学中,这些课文可以通过朗读、录音、挂图等来创设特定的情境感染学生,通过一定的情感调控,架起学生与作者之间的情感桥梁,引导学生沉浸在课文所描述的情感氛围之中,让学生与作者产生情感共鸣,主动领会文章的思想内容。如《雾凇》这篇课文中,描绘了一幅色彩斑斓的雾凇图,教学的开始,教师播放录像(雾凇景象),向学生展示雾凇的奇特和壮观,使学生在欣赏雾凇美丽景色的同时,激起求知的欲望。

（三）联系实际

在语文教学中,应把语文教学与现实结合起来,引导学生进行创造性学习。如教学《卖火柴的小女孩》一文后,教师可以《我与小女孩比童年》为题,让学生联系自己的童年进行"说话"训练。经过这样联系现实的训练,唤起了学生的浓厚兴趣,扩大了学生的思维空间,实现认识能力的飞跃和突破,使学生的创新思维更符合现实。

此外,教师还可以采用游戏激趣、导语激趣、活动激趣等方法,激发学生学习兴趣,诱发学生的创新精神。

二、诱导质疑——催生创新的萌芽

古人云:"学贵有疑。"质疑是人类思维的精华,拥有创新能力的人必须具备敢于质疑的思维品质。在语文教学中,教师要善于激发学生质疑问难,激起学生探求新知的欲望,迸发出创造的思维火花。

（一）激发学生的探究欲

探究欲是创造性思维活动的内驱力之一。为了增强学生的探究欲,教师应当经常向他们提供能引起观察和探索的新异情境,要善于提出难易适中而富有启发性的问题,并引导学生自己去发现问题或寻找答案。

一位特级教师介绍他在美国听一位老师上《蚯蚓》一课说,上课一开始,老师出示《蚯蚓》一题,接着就拿出一包还在蠕动的蚯蚓,让学生每人拿一条,要求学生观察它的外形和特点,然后发言。许多学生使用放大镜,翻来覆去地观察,还有些学生采用了解剖法。不久,学生就一个个争着说出自己的看法,其中有一个学生说蚯蚓的味道是咸的,因为他把蚯蚓放到嘴里嚼了嚼。这一意想不到的知识是凭借学生敢于尝试的探究欲而得到的,无疑也是创新思维的萌芽。

(二)培养学生的自信心

自信心是质疑精神的心理依据。要培养质疑精神,就必须保护和培养学生的自信心。教师在教学《草船借箭》一文时,有一个学生在初读课文后提出是"草船'骗'箭",为什么课题中却说是"借"呢?这位学生的提问很有价值,老师表扬了他的勇于质疑的精神,并鼓励学生分析课文,探究原因。结果发现原因是有"借"才要"还",暗示了曹军造箭射自己,体会了诸葛亮的聪明才干。此时,大家对于原先提出问题的学生赞叹不已,那位学生也因有老师的支持和学生的赞赏而对自己更有信心,从此大胆质疑。

(三)培养学生的寻疑意识

所谓寻疑意识,是指学习者在头脑中始终带着寻找问题的意识,以怀疑的眼光在整个学习过程中捕捉可供设疑的细节,挖掘疑点。首先,寻疑可以在各个方面,各个角落,老师要经常引导学生进行寻疑,肯定结果,从而激发寻疑兴趣。其次,寻疑贵在主动。只有具有主动积极的精神品质,才能寻找到有价值的问题。教师要注意引导,让学生乐于寻疑。

总之,从疑问—探索—发现—创新这一路径中,只有把握好质疑这一关,才能启动创新思维,捕捉创新灵感,并坚持不懈最终取得创新成果。

三、驰骋想象——舞动创新的翅膀

想象是创新的翅膀,是拓展思维空间的内驱力,是人们对头脑记忆表象进行加工改造而建立新形象的心理过程。想象渗透在小学生活的一切方面,是学生完成学习任务必须具备的心理品质,特别是在发展思维、培养学生的创新素质中,想象更是具有重要作用。

(一)丰富表象,唤起想象

想象来源于生活实际,但由于时间和空间的限制,新教材中有些课文与学生的生活实际相隔遥远,使学生的思维受到限制,想象力难以拓展。在教学过程中,教师应注重选择适当的教学方法,来唤起学生的想象。如在学习《大海》这篇课文时,教师可事先布置学生搜集有关大海的资料,如图片、文字介绍、有关故事等等。课堂上,组织大家把搜集的信息相互交流、讨论,使学生获得很深的感受。然后,再利用播放关于大海的录像资料、配乐朗诵等直观的手段,使学生仿佛置身于大海之中。结合演示,引导学生想象:大海是什么样的?站在大海边,你想对大海说些什么?大海能为人们做些什么事情呢?通过这些活动,学生的激情得以迸发,探索大海秘密的欲望发展到了高潮。

(二)填补空白,发散想象

所谓"空白",是指作品给读者留下的联想和再创造的空间。在课堂教学中,合理地利用这些"空白",发散学生的想象,能有效地培养学生的创新能力。如学习《想飞的乌龟》一课,小乌龟叼着棍子中间,两只小鸟叼着棍子的两端,带着乌龟飞上了高高的天空,因为小乌龟第一次飞上天空,看到地面的美丽景色,一时太高兴,刚一张嘴,整个身体就狠狠地摔到了地上。教学这一环节时,教师可这样启发学生想象:乌龟掉下来会想什么?他还想飞,请你为他想想飞的办法。学生的情感已紧紧和小乌龟连在一起,有的认为小乌龟可怜,有的认为小乌龟可笑,还有的认为小乌龟可叹……学生各抒己见,在想象中思维相互碰撞、启发,在文中没有出现的心理空白处创新,训练了思维的灵活性。

(三)异想天开,拓展思维

知识是有限的,而想象力是无边的,它概括着世界上的一切。语文教师要鼓励学生展开想象,特别是异想天开的创造性想象。如学习《梦想》一文后,教材安排了这样一组练习填空:

(1)古时候,人们想飞到月亮上去,现在……

(2)古时候,人们想听到远方亲人的消息,现在……

(3)古时候,人们想到海里采宝,现在……

(4)古时候,人们想,现在……将来……

这是一道永远也做不完的练习,学生依据前三项练习,激发了他们的创造力,写出众多不同的答案,这既是语言和想象力的训练,又是运用知识和发展创造力的训练。

四、鼓励求异——激活创新的灵魂

求异是创造的先驱。教师要注意培养学生的求异思维,促进学生思维的多向性发展。要允许学生发表不同的见解,鼓励学生寻求多种解决问题的方案,使学生在形成求异思维过程中学习知识,在学习新知识的过程中培养思维的多向性。

(一)同一个任务,鼓励学生寻求不同方法完成。以识字为例,让学生记"坐"字,有的学生说,两个小朋友在跷跷板上玩就是"坐";有的说,"坐"就像老师的天平;有的说一个"土"加两个"人"就是"坐"……他们运用的方法不同,却完成了同样的一个任务——记住"坐"字,对于这样的现象,教师应予以肯定、鼓励。

(二)同一个问题,引导学生进行不同的理解或表达。如教学《王冕学画》一课时,当教师问到"要是能把它画下来,那该多好哇"中的"好"是什么意思? 有个学生回答说:"画下来,天天可以看荷花。""还有别的意思吗?"教师启发学生。学生有了兴趣,各抒己见:"画下来,可以让别人看。""画下来,可以跟湖里的荷花比一比,看谁美。"……这些正是创造性思维中求异思维的反映,它促使学生相互激励,情绪活跃,在学习的过程中品尝到求异、探索的乐趣。

（三）适当安排一些具有不确定答案的练习。我们应该有意识地为学生安排一些"发散性"的练习。如在教学中,教师给学生布置这样一道课堂练习,把"我们收回了澳门"这句话换几种不同的说法,但不改变原意。学生答案多种多样:"澳门被我们收回了。"(被字句)"我们把澳门收回了。"(把字句)"我们不是收回了澳门吗?"(反问句)"谁也不能否认我们收回了澳门。"(双重否定句)……

总之,在小学语文教学中,如果我们能坚持不懈地培养学生创新思维能力,那么,埋在孩子们心底的智慧种子,就一定能生根、开花,并结出丰硕的创新之果。

第七节 "对话"——尊重学生主体地位,培养学生语文自主思考能力

尊重学生个体阅读的需要,根据文本的自身特点,构建更为灵活的课堂模式,激发学生思考欲望是语文课堂教学改革中的重中之重是。

较早的时候,"满堂灌"的课堂模式遭到了"一边倒"的批判。课堂上只有教师在灌输知识,学生只是接受,没有机会或较少有机会自我表达、互相交流。课堂模式单一,缺少"对话"的空间。学生显得较被动,无法体现主体地位;教师显得较"霸道",课堂干预过于明显。之后课堂走向"开放式",学生开始拥有更多的课堂话语权。小组讨论、课堂辩论、发散性话题、探究性问题、多媒体运用等,成了新课堂模式的常见元素。只是不久大家又发现,教师的角色退缩到了课堂的"角落"里,有时候甚至置身"堂"外。话题又过于发散,以至于都让人疑惑课堂的性质是不是还属于语文。小组讨论是合作式学习,但实际操作时常常只成为形式。有时

教师宣布讨论开始,你可以看到学生脸上带有笑意,因为他们知道这是在表演讨论。最主要的是课堂缺少引导者,回答、讨论缺少必要的衡量和评判。过于开放就接近"无序"。大家开始重新审视"满堂灌"的课堂模式,其实即使一堂课都是教师一人在讲述,也并不意味着课堂里就没有"对话","对话"不是仅指人与人用语言交流,它还可以是思想的碰撞。课堂里,学生的主体地位不能忘,而教师的主导作用也不能丢。只是教师的预设、干预与学生的参与、创新之间需要设定一个灵活的"度",使两者以恰当的比例出现。"对话"需要空间,也需要分寸。

在中小学语文的教学设计中,"对话"表现在多个方面。首先让学生进行创作,学生自己先获得某种写作经验,为课堂"对话"的展开作好铺垫。接着大家一起评价学生的作品,形成学生与学生作品之间的"对话",然后过渡到文本阅读。进入文本,与文本"对话",获得相关的阅读经验和写作经验。而在这一过程中还安排了学生作品之间、学生作品和名家作品之间的"对话",特别是在不告知作者的情况下,学生将获得更新鲜也更自然的体验。最后从文本体验中抽离出来,回到自己的创作,在自我评价中运用新获得的经验,完成自我经验的更新。从头至尾,教师预设了整个流程,引导着整个走向。特别是作为"药引"的这个环节,所选的学生作文里出现的问题后来都能在老舍的文章中找到一一对应的启示,很显然教师预先已做了仔细的安排。但这种安排是基于学生具体的写作情况而定的,阅读及写作经验的获得也都是通过学生自己参与"对话"来完成,所以它不会影响学生在课堂中的主体地位。

寻找"对话"的新意的背后,是我们对学生在课堂中的主体地位的更合理的尊重。

第八节　浅谈中小学语文教学中的形象思维

小学语文教学大纲中明确指出:小学语文教学应指导学生正确地理

解和运用祖国语文,丰富语言的积累。我们都很清楚,要想让学生正确运用语言文字,只有在头脑中形成这些文字所表示的具体形象——表象,才能促进正确认识的形成。而这表象的运动过程就是形象思维。

形象思维是语文教学内容的一个重要组成部分,是语言表达的基础。而目前的语文教学忽视了形象思维与语言特点的关系,忽视形象思维的培养与训练,其结果必然影响对文章内容的领会与语言、结构的理解,影响教学过程中听说读写的训练,最终影响语文教学的质量与效果。这就是语文课枯燥、乏味、费时低效的原因。

一、在语文教学中发展形象思维的意义

我们知道,人的大脑两半球基本上是以不同的方式进行思维。左脑主管抽象思维,右脑主管形象思维。右脑与知觉和空间判断有关,具有音乐的、图像的、整体性和几何空间鉴别能力,对复杂关系的处理远胜于左脑。

著名科学家钱学森说:"人认识客观世界首先用形象思维而不是用抽象思维,就是说人类思维的发展是从具体到抽象。"高尔基说:"艺术作品不是叙述,而是用形象、用图画来描写现实。"《国务院关于基础教育改革与发展的决定》的第三条指出:要重视培养学生的创新精神。而谈创新,必然要说到创造的四个过程:即准备期、酝酿期、闪光期、验证期。显然这中间两个时期主要靠形象思维。脑功能的研究表明:创造活动是通过逻辑思维与形象思维协同进行的,其中形象思维起着关键作用。因此,在语文教学中,发展形象思维的重要性便更加突出了。

二、在语文阅读教学中发展学生的形象思维

(一)养成观察习惯,丰富学生的表象

俄国作家契诃夫把"观察一切,注意一切"当作一个作家的"本分"来看待。语文教学大纲中也提到要养成留心观察的良好习惯。因此,观察是学习和工作中一个十分重要的问题。

观察是认识活动的起始阶段,主要作用是积累表象。表象就是储存于记忆中的客观事物的形象,是思维的材料。表象丰富的学生思维灵活,感情丰富,学习效率高。表象贫乏的学生思维迟钝,感情淡漠,学习效率低。没有丰富表象储存的大脑,就像是干涸的池塘,是没有任何生命力的。

观察力是一种思维能力,深入的观察主要为形象思维。

在导入过程中要尽可能地利用课本插图、教学挂图、音像材料、实物展示、社会调查、观察自然现象等方法,使学生获得感性知识和情感体验。

例如,在讲《理想的风筝》一文时,需要对残疾人的生活状况进行了解,才能更好地体现主人公身残志坚的精神。学生通过对身边的残疾人的观察,得到的结论是行动不方便、自理能力差、有时被别人嘲笑、有自卑心理等。而对比文中的刘老师的言谈举止,尤其是他蹦跳着追赶空中风筝时的场面,很多同学都为刘老师乐观向上、热爱生活的精神所感动,心中油然而生一种敬佩之情。这更加证明了观察生活的重要性,证明了观察、表象对形象思维的巨大作用。

又如《落花生》一文,由于城市学生缺少农业常识,可以让学生实地观察花生的生长情况、果实特点,获得花生的全面、准确的表象,对理解课文中"所以我希望你们像花生……"这个有一定难度的句子起到突破作用。

在教学中,我们完全可以通过语言的形式唤起学生头脑中已有的表象参与到对所学内容的理解上,同时也可以把学生通过观察所得到的大量表象通过日记、周记的形式储存起来,在需要的时候提取。

这样在大量观察的基础上,在表象越来越丰富的前提下,就比较容易通过再造想象领会课文内容,理解作者的思想感情了。

(二)创设情境,通过语言进行联想、想象,理解课文的内容

发展形象思维主要是再造想象和创造想象。利用文中概括性的语句,引导再造想象。在语文教学中,学生学习文学作品,在感知文章的语言和篇章结构时,对文章中的描写,人物的外貌、语言,故事的梗概有了一定了解,但这时学生还没有真正理解形象所蕴含的思想内容和艺术境界。学生在根据教师创设的一种情景与气氛下,在生动的、富有感情的语言的启发下,通过再造想象,唤起记忆中的有关表象和生活经验,引起联想,使文章中的情境、人物在自己头脑中清晰起来,产生一种身临其境的感觉,才会对文章有真正的领悟。

例如:在学习《语言的魅力》一文中的重点句"春天到了,可是我什么也看不见"时,为了对比盲老人的黑暗世界,为了突显老人的不幸,为了唤起善良人们的同情心,就非常有必要创设情境,进行再造想象。老师启发学生:一年之计在于春,春天万物复苏,春暖花开,燕子来了,柳树绿了,孩子们在郊外春游,多么美好幸福的生活呀!请同学们想一想"春天到了"你看到了什么样的美丽景象呢?受到老师的提示,学生们把自己在平时积累的春天的表象绘声绘色地描绘出来。"然而这一切只属于正常人,对于盲老人来讲,世界上最美好的季节、景物他却不曾看到,不曾知道,这多么可怜、多么不幸啊!"通过这样的再造想象,对文中这句话产生的巨大作用,就容易理解了。这样既突出了重点,又突破了难点,都归功于创设的情境和再造想象了。

教师要善于把"白纸上的黑字"转化为学生头脑中活生生的形象,并把这些形象在头脑中清晰地保存积累起来,培养学生的形象思维能力。

(三)把产生的联想、想象转化为语言,进行形象思维的训练

在语文教学中,让学生把头脑中的形象,用准确的词语或句子表达出来,既增强了形象思维的情趣,又培养了学生的形象记忆能力。

如:在学习《义犬复仇》一文时,当同学们读到"我把它葬在斯达罗的身边,让它永远守护着主人"这句话时,有个同学把头脑中出现的画面绘制成一幅简单的画。问:"图上画的是什么?你是怎样想的?"他回答说:"大坟是文尔内的主人斯达罗的旧墓,小坟是文尔内的新墓,两座坟在一起,表示他们在地下相见,心与心相连,说明义犬对主人的依恋与忠心。"同时他还说:"假想一下,文尔内来到天堂,见到了它的主人,兴奋地跑上前去,用舌头舔自己的主人,依偎在主人的怀里,嘴里不停地叫道:'我咬死了仇人,我为你复了仇!'"老师抓住这一时机,让每个同学都把自己的感想说一说,写一写。令人感动的话语一句句出现,让人动情的画面也一幅幅出现,使文章的主题进一步升华。这种形象思维的训练,很好地完成了学习任务。

我们也可以在文章的省略处,激发学生的创造想象。爱因斯坦说:"想象力比知识更重要,因为知识是有限的,而想象力概括着世界上的一切,推动着进步,并且是知识进化的源泉。"

如:在学习《神奇的鸟岛》一文中"鸟岛保卫战"这一内容时,文章最后写到"两只黑鹰被啄得遍体鳞伤,向远方逃去……"老师抓住省略号去引导学生想象:此时,鸟岛的上空出现了一种怎样的景象呢?这种景象说明什么呢?学生经过想象,创造出一幅幅新的生动画面,再把它转化为相应的语言,那就是:鸟儿在空中欢呼雀跃,自由翱翔。听,那歌声多么嘹亮;看,那气势多么动人。好一派胜利之后的喜悦场面。这说明鸟儿们团结和睦,一致对敌,展现了一种奇妙的自然景观。

抓住文中这样的有想象余地的切入点,就可以进行创造想象,进行形象思维的训练。

(四)培养有感情地朗读能力,促进形象思维的发展,激发学生的情感

老师和学生有感情地朗读课文,不仅有利于培养学生的朗读能力,而且有助于学生加深理解课文内容和学习课文中生动、形象的语言。事实表明,教师有感情的范读,可以再现作者的思想感情,使学生脑海里形成一幅幅图画,跟作品中描写的人物同呼吸共命运,受到感染,接受教育,从而达到动之以情的效果。而学生在充分体验了作者感情的同时,形象思维也得到了训练和加强。

例如,在学习《永生的眼睛》一文时,老师范读"我"失去母亲,对父亲捐献母亲角膜的行为表示不满的一句:"你怎么能让他们这样对待妈妈!

妈妈完整地来到世上,也应该完整地离去。"老师的朗读读出了"我"少年丧母的悲痛心情和对父亲的责怪语气。很多同学都黯然泪下。这是形象思维起了作用,此时学生所产生的对语言的情感体验,是一种潜移默化的、熏陶感染式的思想教育。这对理解文章思想内容是极有好处的。

又如《江姐》一课,文字直抒胸臆,有利于学生在朗读中理解课文内容,受到人物品质的熏陶。教师可做如下导入:"江姐在亲人被害时,遭受了精神上的折磨;在被毒刑拷打时,又受到了肉体上的摧残。但这对于一个真正的共产党员来说是太小的考验。江姐心中只有党,只有革命事业,为之她可以抛头颅,洒热血,可以忍常人所不能忍。我们读一读江姐给同志们的信,就可以了解她铁人一般的意志。"于是同学们满怀激情地朗读课文最后一自然段,表达出对江姐的无比热爱与崇敬之情。既培养了学生有感情地朗读能力,又发展了学生形象思维的能力。

有感情的朗读,使形象与感情融合,读者内心就会不断掀起情感的波澜,爱作者所爱,恨作者所恨,感作者所感,想作者所想,与作者情感共鸣;从而达到晓理动情的境界。

(五)发展形象思维,丰富道德情感,发展审美情趣

情感问题是深入语文教学的一个十分重要的问题。情感道德是文学作品的本质。在语文教学过程中,当我们根据文章创设的教学情境引发学生联想、想象时,学生会产生一定的情感上的感受。学生的生活体验越丰富,这种感受就越深,对文章的领会也就越深。学生就是在这种想象与感受,景与情的交融中,丰富了道德情感,发展了审美情趣。

例如:在学习《小珊迪》一文中,小珊迪卖火柴的情景以及他临死前躺在床上对"我"叙说的最后几句话时,同学们联想到了生活中储存过的很多表象,于是小珊迪的形象顿时鲜明起来,学生产生了对小珊迪的同情、怜悯之情,更为他的人品所感动,很多同学都失声痛哭起来,以至无法正常教学。但这种"不能正常教学"的现象是否更是一个"正常的教学"呢?这哭声代替了所有的语言,代替了所有的说教,于无形之中对学生进行了思想教育,对提高学生的道德素养,学习小珊迪的可贵思想是多么有力量啊!

又如《一个苹果》一文最后在学习"由于战士们在极端干渴的情况下,推让一个苹果"这一内容后,战士们的眼中迸出了幸福的、骄傲的泪花时,同学们都想到在那战火纷飞的战场上,在那艰苦的岁月中,是战友间的友爱促使他们这样做的,同学们的心又一次被打动、被震撼了。这时学生明白了什么叫同学之间要团结友爱,明白了无论做什么事,都不能光想自己的朴素情感。

因此,语文教师要改变教学中明理多、育情少,说教多、而陶冶少的现象,重视发展学生的形象思维,培养学生的思想道德修养,以形带情,以情育情。发展形象思维,正是提高学生思想道德素质的有效方法。

(六)运用电教手段,促进学生形象思维的发展

随着科学技术的发展,电化教育手段已经广泛深入课堂,教师采用了投影、录音、录像、电脑等手段改进课堂教学,推进素质教育。电化教育手段清晰、准确地把图像与文字联系起来,图文并茂,好记易懂。

例如学习《狼牙山五壮士》一文时,通过电影的描绘,使学生亲眼目睹了五位壮士在艰险的条件下,痛击日本侵略者的战争场面。其中一些文章中没有描写到的细节更是让学生拍手称快。当看到战士们英勇纵身跳下悬崖的时候,当听到壮士们"打倒日本帝国主义,中国共产党万岁"的口号声时,同学们不约而同地鼓起掌来。这一刻真让人感动,这一刻,老师真正体会到了电化教学手段的高效实用,真正体会到电教对思维发展所起到的巨大作用。

又如:在学习短文《高山流水》这一内容时,学生通过语言文字很难理解到它的韵律,所联想到的景物也不能令人满意。此时教师将录音打开,一首流畅、清新、优美的"高山流水"立刻展现在同学们的眼前,他们似乎看到了那青山之上的一股瀑布,飞流直下,溪水淙淙,泉水叮咚……这一切实在太美妙了。

这样的感受都是因为有了电化教学手段。因此,适时、适度地利用电教手段,会启发学生的想象,对提高学生的形象思维能力,对提高教学效率是很有利的。

三、综上所述,阅读教学首先要注意用直观形象的材料充实学生的感知,丰富学生头脑中表象的积累,提供再造想象的基础

在感知的基础上,通过教师生动、形象和有感情的朗读或根据课文绘声绘色的叙述,唤起、激起学生头脑中原有的和新的表象。按照课文的描写,对表象不断地进行加工,产生种种联想和想象,使课文中描写的形象、画面在学生头脑中渐渐清晰、具体、鲜明起来,使学生有身临其境之感。这样,就通过形象思维的训练,再进行分析、概括,达到理解文章的目的。

语文教学同形象思维有着密不可分的联系,教学中必须发展学生的形象思维,否则,就不符合语文的学科特点和学生的认知规律。江泽民主席说"创新精神是一个民族发展的不竭动力"。要创新,就需要有创新思维的能力。而发展形象思维,是培养具有创新思维能力和培养高素质接班人的必由之路! 这是语文教学义不容辞的责任。

编者推荐:

好的语文学习方法

一、识字操作程序

    1.拼一拼(音)

    2.读一读

    3.想一想(义)

    4.记一记(形)

二、学词操作程序

    1.结合生活想意思

    2.联系上下文想意思

    3.查字典理解意思

三、学句操作程序

    1.找主干理解句意

    2.找关键词理解句意

    3.评品好词

四、学段的操作程序

    1.阅读全段

    2.分析句子

    3.明了句序

    4.分清主次

    5.理清层次

    6.概括段意

    7.明确写作特点

    8.联系课文

五、学篇的操作程序

    1.通读,了解文章的大概内容

    2.边读边查字典,理解生字新词

    3.阅读体会,深入理解课文

    4.纵观全文,概括段意与中心思想

六、审题操作程序

    1.认真读题,了解题意

    2.抓题目中的重点词

    3.弄清范围、时间、重点、体裁

    4.根据题目猜内容的结构

七、分段操作程序

    1.初读,了解全文大意

    2.再读,根据体裁确定用什么标准划分

    3.给文章分段

4.检验是否正确

八、概括段意的操作程序

1.了解全文大意

2.理解各段的内容、区别主次

3.选择最确切的方法概括段意

4.用明确、完整、简要的语言表达

九、找中心句操作程序

1.认真阅读全文,仔细分析段落之间的关系,明确全文中心,判断本文
有无中心句

2.找出中心句在文中位置的一般规律

3.运用中心句在文中一般位置的规律,确定中心句

十、概括中心思想操作程序

1.弄清文章的体裁

2.弄清文章的关键词句和重点段落

3.弄清文章的主要内容

4.弄清作者的写作意图

5.用简要的语言,完整地、有针对性地进行概括

第六章　各种思维能力在培养中小学生数学思维中的实践与运用

第一节　中小学数学思维能力的培养

一、数学教学中学生思维能力的培养

谈到数学教学中学生思维能力的培养，人们常说数学是思维的体现，学习数学的过程就是思维的过程，数学能力的核心就是思维。加强学生思维能力的培养，是数学教学中全面贯彻、落实素质教育的重要内容之一。那么，在数学教学中该如何培养学生的数学思维能力呢？

一般，开学初，老师就会告诉学生，数学，不光是几道计算题或应用题。

数学思维能力包括：1.运算能力；2.空间想象能力；3.逻辑思维能力；4.将实际问题抽象为数学问题的能力；5.形数结合互相转化的能力；6.观察、实验、比较、猜想、归纳问题的能力；7.研究、探讨问题的能力和创新能力。

在学习新知识前，老师先带领我们把本学期数学要学习的内容先进行系统的说明，具体分为：计算类、概念类、应用题类。其中，我们困难比较大的则是概念类与应用题类的内容。

在学习相关新课时，教师除了讲解书中的相关练习外，还利用平时时间，特别是每周的思维训练课，帮助学生找一些相关题目，让学生在掌握基础题的同时，有相关的拓展训练。

（一）注重激发兴趣，培养学生思维能力

心理学家布鲁纳认为：学习是一个主动的过程，对学生而言，学习内因的最好激发是对所学材料的兴趣。可见兴趣对于学习数学的重要性。因此，我们在教学中应特别注意创设情境，激发学生的学习动机和内在动力，调动学生思维的积极性和自觉性，使学生乐学、想学。例如教学《能化成有限小数的分数的特征》时，先让学生报出一个分数，教师马上判断出它能不能化成有限小数，学生一试，果真如此。学生都惊叹不已，惊叹之余他们更主要的是急于悟出其中快速判断的奥秘，对此产生了强烈的兴趣，从而激发了学生主动探索的欲望。在学生主动探索新知识的过程中，他们的思维能力也逐渐得到发展。

（二）注重教给方法，发展学生思维能力

素质教育提倡不但要让学生"学会"，而且要让学生"会学"。教师的任务不仅仅是教书，更重要的是教给学生学习的方法，正如人们所说的："授人以鱼，不如授人以渔。"因此，在教学中应加强思维方法的引导，使学生能正确使用小学数学常用的观察、比较、分析和综合等思维方法。

1.观察法

"观察是思维的开端和源泉。"小学生的思维主要以具体形象思维呈现。因此教师应引导学生对具体形象的事物、图片和直观教具进行观察，进而获得并建立清晰的表象，为其进行思维活动提供必要的条件。例如低年级学生学习《简单加减应用题》时，大部分的习题都配有插图，在练习之前教师先引导他们进行有目的、有顺序的观察，通过观察插图可以帮助他们理解题意。又如教学《三角形的初步认识》时，有道习题要求找出各个三角形的高，前面几个学生一下子都找到了，最后一个是钝角三角形，而且是倒过来放的。很多同学看了都不知所措。这时教师不急着把答案告诉他们，而是先复习三角形高的定义，然后引导他们从不同角度去观察这个三角形，通过仔细的观察学生顿然开悟，都弄懂了。

只要把它旋转过来看就行了。最后,教师再引导他们不用旋转把底延长出去也可以做出高来。

2.比较法

比较法是一种很常用且实用的思维方法。通过比较可以使学生理解知识之间的内在联系,从而更好地掌握知识。例如教学《简单乘除应用题》时,有这样一道习题:1.小明看一本故事书,每天看 8 页,3 天看完,这本故事书共有多少页? 2.一本故事书共 24 页,小明看了 3 天就看完了,小明每天看多少页? 3.一本故事书共 24 页,小明每天看 8 页,几天可以看完? 教师先是让学生找出这三道题有什么相同点、不同点,它们之间有什么联系? 然后引导学生进行比较,通过比较建立乘除之间的联系,从而培养学生的比较能力。

3.分析、综合法

分析与综合法是一种重要的思维方法,是其他一切思维方法的基础。

例如教学《乘法简便运算》时,有一道习题:25×16,教师引导学生看到 25 就要想到 25 与 4 之间的联系:$25 \times 4 = 100$(这是综合),于是想到可以把 16 分成 4×4(这是综合指导下的分析),最后得到结果 $25 \times 4 \times 4 = 100 \times 4 = 400$(这又是综合)。

(三)加强语言训练,发展学生思维能力

语言是思维的外壳,正确的思维活动离不开语言的参与。因此,在教学中我们要对学生加强语言训练。教师在教学中经常鼓励学生大胆地说,且说时声音要响亮。更主要的是要正确地说,完整地说。例如在学习过程中,学生经常会把"增加到"说成"增加";把"除以"读作"除"……学生出现这样的情况,老师要及时地给予纠正。因此教师平时就要引导学生完整地、正确地说,才能完整正确地表达数的含义、数学知识的算理,从而促进学生知识的内化和思维能力的发展。

(四)加强操作指导,发展学生思维能力

心理学家皮亚杰指出:"活动是认识的基础,智慧从动作开始。"操作不是单纯的身体动作,而是与大脑的思维活动紧密联系着的。儿童的思维具有直观动作形象性的特点,因此要指导学生有目的地、主动地进行操作,使学生从具体到抽象,逐步理解概念的正确含义或法则、原理的来源及其合理性,促进学生思维能力的发展。

1.指导学生有目的地操作

学生都喜欢摆摆弄弄,但他们的动手操作大部分是无意操作。因此我们要指导学生将操作与思维联系起来,在操作中理解,在操作中获知。

例如教学小学数学《6 的乘法口诀》时,教师先示范用 6 个圆圈摆一朵小花,边摆边引导学生仔细观察老师是怎样摆的。学生在观察的过程中初步感知了"目标",然后教师引导学生自己动手再摆一朵,学生依样很快就摆出来了。通过观察和动手学生明白了摆 1 朵要 6 个圆,摆 2 朵要 12 个,摆 3 朵要 18 个……这样,既使学生学会了操作的方法,又有利于学生理解乘法口诀的意义。

2.指导学生主动的操作

主动操作可以使学生获得大量的感性认识。小学生的操作有一个明显的特点,即往往是被动的,不是真正为了理解题意、解决问题而主动操作。因此教师的任务是引导他们主动地进行操作。例如教学《三角形内角和等于 180°》时,教师不要一下子告诉他们三角形的内角和等于180°,然后让他们死记硬背把它记下来。学习之前,教师提出:"谁能用学过的知识,算出三角形的内角和?"学生一下子议论开了,边讨论边摆弄着手中的三角形纸片。通过讨论,有的把三角形每个内角的度数量出来,再加起来;有的把三个内角分别剪下来,拼成一个大角,再用量角器量……这时在探究动机的推动下,学生逐步建立起感性认识。接着教师引导学生看书,通过看书学生发现自己动手操作的结论与书里的一致,

心里非常高兴,从而增强了他们的成就感。

(五)加强实践训练,训练学生思维方式

1.推陈出新训练法

当看到、听到或者接触到一件事情、一种事物时,应当尽可能赋予它们新的性质,摆脱旧有方法束缚,运用新观点、新方法、新结论,反映出独创性,按照这个思路对学生进行思维方法训练,往往能收到推陈出新的结果。

2.聚合抽象训练法

把所有感知到的对象依据一定的标准"聚合"起来,显示出它们的共性和本质,这能增强学生的创造性思维活动。这个训练方法首先要对感知材料形成总体轮廓认识,从感觉上发现十分突出的特点;其次要从感觉到的共性问题中肢解分析,形成若干分析群,进而抽象出本质特征;再次,要对抽象出来的事物本质进行概括性描述,最后形成具有指导意义的理性成果。

3.循序渐进训练法

这个训练法对学生的思维很有裨益,能增强领导者的分析思维能力和预见能力,能够保证领导者事先对某个设想进行严密的思考,在思维上借助于逻辑推理的形式,把结果推导出来。

4.生疑提问训练法

此训练法是对事物或过去一直被人认为是正确的东西或某种固定的思考模式敢于并且善于提出新观点和新建议,并能运用各种证据,证明新结论的正确性。这也标志着一个学生创新能力的高低。训练方法是:首先,每当观察到一件事物或现象时,无论是初次还是多次接触,都要问"为什么",并且养成习惯;其次,每当遇到工作中的问题时,尽可能地寻求自身运动的规律性,或从不同角度、不同方向变换观察同一问题,以免被知觉假象所迷惑。

5.集思广益训练法

此训练法是一个组织起来的团体中,借助思维,大家彼此交流,集中众多人的集体智慧,广泛吸收有益意见,从而实现思维能力的提高。此法有利于研究成果的形成,还具有潜在的培养学生的研究能力的作用。因为,当一些富有个性的学生聚集在一起,由于各人的起点、观察问题角度不同,研究方式、分析问题的水平的不同,产生种种不同观点和解决问题的办法。通过比较、对照、切磋,这之间就会有意无意地学习到对方思考问题的方法,从而使自己的思维能力得到潜移默化的改进。

二、数学教学中学生形象思维能力的培养

(一)培养学生形象思维能力是数学教学的一项任务

1.从科学技术发展看培养学生形象思维能力的重要性

形象思维是人在头脑中运用形象(表象)来进行的思维。人类发现、掌握事物的本质、人类科学技术发明,首先是从形象思维开始的。如我国古代发明家鲁班,因为手被带齿的小草划破而发明了锯子;牛顿看到苹果从树上掉下来,发现了万有引力;著名科学家瓦特看到水壶里水开了,蒸气能掀动水壶的盖,从而发明了蒸汽机。所有这些都说明,形象思维实质上是人们对日常生活中的事物和现象的直观感觉的应用,这种直觉以表象为基础,进行联想与想象,达到创造发明的目的。我国著名科学家钱学森曾经说:"我建议把形象思维作为思维科学的突破口……这将把我们智力开发大大向前推进一步。"

2.从儿童思维发展看培养学生形象思维能力的必然性

小学生以具体形象思维为主,逐步向抽象思维过渡,这个阶段的抽象思维仍然占有很大的具体形象性。但是,在我们日常教学活动中,研究如何培养学生抽象思维能力较多,研究如何培养学生形象思维能力较少,造成在实际教学中,学生在对具体事物(图形)直观感知以后,教师还没有引导学生对直观感知的材料进行概括,在学生头脑中形成鲜明的形象,并能运用这种形象进行思维,就直接跳到抽象概念,使学生对所学的知识一知半解。如在《长方体和正方体体积》教学中,有的教师根据教材中的实物图,让学生观察了火柴盒、工具箱和水泥板以后,立即提出问题:三个物体中哪一个所占空间最大？哪一个所占空间最小？接着就概括出物体所占空间的大小叫做物体的体积的概念。虽然有直观过程的感知,有问题的思考,但学生对"物体都占有空间吗？不同物体所占空间大小都不一样吗?"这些问题都还没有理解,没有在头脑中形成鲜明形象,因此对体积概念的认识也就一知半解,导致有的学生误认为物体大小就叫做物体的体积。这不能不说是当前小学数学教学中存在的一个弊端。形象思维是抽象思维的前提,培养学生形象思维能力符合儿童思维发展规律,是小学数学教学的一项任务。

(二)培养学生形象思维能力是提高数学教学质量的需要

形象思维的基本形式包括表象、联想和想象。在教学中让学生获得正确、丰富的表象,培养学生联想能力、想象能力是提高数学教学质量的需要。

1.学生获得数学知识,必须先有正确丰富的表象

表象是过去知觉过的对象和现象在头脑中产生的映象,它既能以直观的形象来反映现实,又具有一定概括性。没有表象就不可能有形象思维。数学知识比较抽象,教学时,教师如能把抽象知识"物化",让学生看得见、摸得着、能操作、有感受,能在头脑中产生映象,就有利于学生学习。如分数是一个抽象概念,教学时可以先用具体事物让学生操作,把一个圆形硬纸板平均分成 2 份,把一张长方形的纸平均分成 4 份,把一条绳子平均分成 5 份,再分别把其中的 1 份涂上颜色,与其余各份一一比较。通过这样的实际操作,并对操作中知觉过的东西进行概括,就在学生头脑中留下"任何一个东西都可以平均分成几份,每份就是它的几分之一"的形象。有了这个形象,就可以概括出分数这个概念。由形象到

抽象,有利于学生牢固地掌握数学知识。

2.联想能促进记忆

数学是一门系统性很强、前后知识联系十分紧密的学科,学习新知识要以有关旧知识为基础。这就要求学生有一定记忆能力,而记忆常常要借助于联想。小学数学中的联想主要有:①接近联想。如学生进行整数的四则混合运算,就想起整数四则混合运算的顺序;学生要进行简便计算就想起加法交换律、加法结合律、乘法交换律、乘法结合律、乘法分配律等;学生要化简分数就想起约分、能被2、3、5整除的数的特征。②类似联想。如由约数联想到公约数、最大公约数;由倍数联想到公倍数、最小公倍数;由整数加减数位要先对齐想到小数加减小数点要先对齐、异分母分数加减要先通分。③对比联想。如扩大与缩小,增加与减少,增加到与减少到,奇数与偶数,质数与合数等。由此可知,联想是由某一事物想到另一事物的思维过程,是形象思维的一种形式,是促进学生记忆的一种手段,有助于学生牢固掌握系统数学知识。

3.想象是克服应用题教学难的妙药

小学数学中的应用题是根据日常生活或生产中存在的数量关系,用文字叙述形式表达出来的实际问题。由于应用题条件和问题是蕴含在文字叙述之中,数量关系比较抽象。而学生思维是以具体形象思维为主,解题时,他们如果不能把应用题的数量关系再现为具体图形进行形象思维,解题就产生了困难。如果学生审题时边读边想,并能根据题意,把题中数量关系构成具体图形,解题就容易多了。这种根据应用题语言的表述,在头脑中形成有关事物的形象(示意图)就是想象,属于再造性想象。可见培养学生再造性想象能力,是克服应用题教学难的有效方法。

(三)对如何培养学生形象思维能力的探索

1.在教学中要重视教具、学具的运用

教学中要运用学具、教具,给学生提供充分的观察和操作机会,让学生用多种感官去感知事物和现象。通过比较、概括,反映出客观事物和现象的直观性的特征,就能获得正确表象。教具的演示和学具的应用要注意多角度、不同方位和多样性。如角的认识,既要观察有锐角、直角的物体,也要观察有钝角的物体;要出示大小不同的角的图形,也要出示位置不同的各种角的图形;既要出示静态中的角,也要演示动态中的角。学生观察客观事物和现象越全面、深刻,获得的表象就越正确、丰富,形象思维水平就越高。

2.在教学中要重视数形结合

数是抽象的数学知识,形是具体实物、图形、模型、学具。数和形是紧密联系着的,学生只有先从形的方面进行形象思维,通过观察、操作,进行比较、分析,在感性材料基础上进行抽象,才能获得数的知识。如10以内数的认识,学生先要数小木棒:1根小木棒、2根小木棒、3根小木棒……10根小木棒,然后数课文实物图:1只熊猫、2只小鹿、3只蝴蝶……10只小气球,通过数具体事物,在获得感性材料基础上,才能建立1、2、3……10的概念。在这样数形结合的教学中,也同时对学生进行了形象思维的训练,培养了学生形象思维能力。

3.联系实际,培养学生空间观念

空间观念是物体的形状、大小、长短和相互位置关系的表象。要培养和发展学生空间观念,教学时一定要联系实际。如要使学生获得长度单位1厘米长短的表象,学生要先用直尺量图钉、手指,1厘米大约是1只图钉长,食指的宽大约是1厘米;要使学生获得面积单位1平方厘米大小的表象,就让学生先用边长是1厘米的正方形量一量大拇指的指面,大拇指的指面大小大约是1平方厘米。通过这样在实际中量一量、比一比,1厘米的长短、1平方厘米的大小就在学生大脑中留下了表象,形成了空间观念。由此可见,培养和发展学生空间观念的过程,也是培养和发展学生形象思维能力的过程。

第二节 数学教学中如何培养学生创造性思维能力

创造性思维是创造活动中的一种思维活动,是多种思维的结晶;是客观的需要,而不是主观上任意臆造的需要;是人们集中精力去满足这种需要的渴望。这种需要越迫切,创造性思维的自觉性就越强,注意力就越集中,新办法、新思想、新理念就越容易产生。因此在数学教学中培养学生的创造性思维,发展创造力是时代对我们教育教学提出的必然要求。

一、数学创造思维及其特征

思维就是平常所说的思考,创造思维就是与众不同的思考。数学教学中所研究的创造思维,一般是指对思维主体来说是新颖独到的一种思维活动。它包括发现新事物、揭示新规律、创造新方法、创设新理念、解决新问题等思维过程。尽管这种思维结果通常并不是首次发现前所未有的,但一定是思维主体自身的首次发现或超越常规的思考。

创造思维就是创造力的核心。它具有独特性、求异性、批判性等思维特征,思考问题的突破常规和新颖独特是创造思维的具体表现。这种思维能力是正常人经过培养和知识的理解、掌握、思考可以具备的。

二、培养创造思维的教学模式

教学模式是在一定教学思想指导下所建立的,完成所提出教学任务的比较稳固的教学程序及其实施方法的策略体系。它是人们在长期教学实践中不断总结、改革教学而逐步形成的。它源于教学实践,又反过来指导教学实践,是影响教学的重要因素。要培养学生的创造思维,就应该有与之相适应的,能促进创造思维培养的教学模式,当前数学创新教学模式主要有以下几种形式。

(一)开放式教学

这种教学模式在通常情况下,都是由教师通过开放题的引进,学生参与下的解决,使学生在解决问题的过程中体验数学的本质,品尝进行创造性数学活动的乐趣的一种教学形式。开放式教学中的开放题一般有以下几个特点。一是结果开放,对于一个问题可以有不同的结果;二是方法开放,学生可以用不同的方法解决这个问题,而不必根据固定的解决问题的程序;三是思路开放,强调学生解决问题的不同思路,寻找解决问题的方法。

(二)活动式教学

这种教学模式主要是:让学生进行适合自己的数学活动,包括模型制作、游戏、行动、调查研究等,使学生在活动中认识数学、理解数学、热爱数学。

(三)探索式教学

这种教学模式只能适应部分教学内容。对于这类知识的教学,通常是采用"发现式"的问题解决,引导学生主动参与,探索知识的形成、规律的发现、问题的解决等过程。这种教学尽管可能会耗时较多,但是,磨刀不误砍柴工,它对于学生形成数学的整体能力,发展学生的创造思维等都有极大的好处。

三、怎样培养学生的创造思维能力

(一)注意培养学生的观察能力

观察是信息输入的通道,是思维探索的大门。敏锐的观察力是创造思维的起步器。可以说,没有观察就没有发现,更不能有创造。学生的观察能力是在学习过程中实现的。在课堂中,怎样培养学生的观察力呢?

首先,在观察中及时指导。比如:要指导学生根据观察的对象有顺序地进行观察,要指导学生选择适当的观察方法,要指导学生及时地对观察的结果进行分析总结等。第二,要科学地运用直观教具和现代多媒体教学技术,以支持学生对研究的问题做仔细、深入的观察。第三,要努力培养学生浓厚的观察兴趣。

(二)注意培养学生的想象力

想象是思维探索的翅膀。在教学中,引导学生进行数学想象,往往能缩短解决问题的时间,获得数学发现的机会,锻炼数学思维。

想象不同于胡思乱想。数学想象一般有以下几个基本要素。第一,因为想象往往是一种知识飞跃性的联结,因此要有扎实的基础知识和丰富的经验的支持。第二,是要有能迅速摆脱表象干扰的敏锐的洞察力和丰富的想象力。第三,要有执著追求的情感。因此,培养学生的想象力,首先要使学生学好有关的基础知识。其次,新知识的产生除去推理外,常常包含前人的想象因素,因此在教学中应根据教材潜在的因素,指导学生掌握一些想象的方法,像类比、归纳等。著名的哥德巴赫猜想就是通过归纳提出来的,而仿生学的诞生则是类比联想的典型实例。

(三)注意培养学生的发散思维

发散思维是指从同一来源材料探求不同答案的思维过程。它具有流畅性、变通性和创造性的特征。加强发散思维能力的训练是培养学生创造思维的重要环节。根据现代心理学的观点,一个人创造能力的大小,一般来说与他的发散思维能力是成正比例的。

在教学中,培养学生的发散思维能力一般可以从以下几方面入手。比如:训练学生对同一条件,联想多种结论;改变思维角度,进行变式训练;培养学生个性,鼓励创优创新;加强一题多解、一题多变、一题多思等。特别是近年来,随着开放性问题的出现,不仅弥补了以往习题发散训练的不足,同时也为发散思维注入了新的活力。

(四)注意诱发学生的灵感

灵感是一种直觉思维。它大体是指由于长期实践,不断积累经验和知识而突然产生的富有创造性的思路。它是认识上质的飞跃。灵感的发生往往伴随着突破和创新。

在教学中,教师应及时捕捉和诱发学生学习中出现的灵感,对于学生别出心裁的想法、违反常规的解答、标新立异的构思,哪怕只有一点点的新意,都应及时给予肯定。同时,还应当应用数形结合、变换角度、类比形式等方法去诱导学生的数学直觉和灵感,促使学生能直接越过逻辑推理而寻找到解决问题的突破口。

总之,人贵在创造,创造思维是创造力的核心。创造思维是在客观需要的推动下,以新获得的信息和已贮存的知识为基础,综合地运用各种思维形式或思维方式来克服思维定势,经过对种种信息、知识的匹配、组合或借助类比、直观、灵感等,创造出新办法、新观点、新理念,从而使认识或实践取得突破性的进展的思维活动。培养有创新意识和创造才能的人,才是中华民族振兴的需要,让我们共同从课堂做起吧。

第三节　关于如何提高数学思维能力的几点思考

一、如何培养学生的数学思维能力

孔子说过:"学贵有疑,小疑则小进,大疑则大进"。疑是学习的开端、思维的动力。在数学学习中,要结合教材中的"想想议议",进行巧妙的设疑,多动脑积极思维,多质疑,多解疑,才能真正弄清概念、规律的内涵和外延,并提高表述能力。

想要培养学生的数学创新思维能力,不是一朝一夕的事情,需要经过长期的锻炼。首先,要改变观念,把以教师为主导的"填鸭式"课堂,转变成以学生为主体,教师作为指导者、组织者而存在,让学生有一个创造发挥的平台。其次,改变学生的思想观念,从"要我学"变为"我要学",积极发挥他们的主观能动性。第三,改变课堂组织方式,循序渐进地提出一些开放式的题目,由浅入深,最好可以结合生活问题。最后,要从学生身边的问题思考,然后由学生自主探究讨论如何解决,教师适当提示引导纠正。

（一）平时注重向学生渗透各种数学思想与方法

1.发挥教材优势,渗透数学思想

2.捕捉生活中出现的点滴事例,渗透数学思想

（1）办黑板报如何安排人员？（数学的统筹思想）

（2）经常向学生讲一些智慧故事,讲得最多的是"换一种想法"。

虽说教本是教学之本,但如果拘泥于教本,为教完教本而教,则教出来的学生大概是统一规格的。

（二）教给学生针对不同问题所应采取的不同的思维方法

1.教给学生解应用题的思维方法

曾经调查过很多做不出应用题的同学：为什么做不出？原因大同小异,主要有两点,第一是基本数量关系不清楚,第二是看不懂题意。

（1）基本数量关系不清楚。教师每次在讲应用题前先把十一种数量关系进行复习。如果有些同学还不懂,就要单独辅导了。

（2）学生读不懂题意怎么办？给学生的答复是：读,再读,一直读下去,读到你懂为止。当然,在读的过程中,还应该采用一些辅助手段。

2.教师应该将自己真实的思维过程展示给学生

3.经常引导学生对自己的思维过程进行小结

（1）解题后的小结：积累解决问题的经验。

（2）课后小结：回忆知识,并将其纳入知识系统。

（3）单元滚动式小结：将所学知识条理化、系统化。

在进行拓展练习时,教师经常带领学生一起反思。何谓"解题反思"？一道数学题经过一番艰辛、苦思冥想解出答案之后,必须认真进行如下探索：出题的意图是什么？考核我们哪些方面的概念、知识和能力？本题有无其他解法——一题多解？众多解法中哪一种最简捷？……如此种种,就是"解题反思"。

4.常常反思

(1)积极反思,查漏补缺,确保解题的合理性和正确性

解数学题,有时由于审题不明、概念不清、忽视条件、套用相近知识、考虑不周或计算出错,难免产生这样或那样的错误,即学生解数学题,不能保证一次性正确和完善。所以解题后,必须对解题过程进行回顾和评价,对结论的正确性和合理性进行验证。

(2)积极反思,探求一题多解和多题一解,提高综合解题能力

数学知识有机联系纵横交错,解题思路灵活多变,解题方法途径繁多,但最终却能殊途同归。即使一次性解题合理正确,也未必能保证一次性解题就是最佳思路、最优最简捷的解法。不能就此罢手,如释重负。应该进一步反思,探求一题多解,多题一解的问题,开拓思路,沟通知识,掌握规律,权衡解法优劣,在更高层次更富有创造性地去学习、摸索、总结,使自己的解题能力更胜一筹。

(3)积极反思、系统小结,使重要数学方法、公式、定理的应用规律条理化

二、如何提高中学生数学逻辑思维能力

中学生学习数学的主要能力是逻辑思维能力,逻辑思维是一种有条件、有步骤、有根据、渐进式的思维方式,是借助于概念、判断、推理等思维形式所进行的思考活动,因此,尤其是面临中考和奥赛的学习中,学生的逻辑思维能力的培养和提高尤为重要和紧迫。

为此,我们要做到以下几点:

(一)思维过程的组织要得到相应的重视

要培养和提高学生的数学逻辑思维能力,就必须把学生组织到对所学内容的分析和综合、比较和对照、抽象和概括、判断和推理等思维的过程中来。教学中要重视思维过程的组织。

第一,提供感观材料,组织从感观到理性的抽象概括。从具体的感观材料向抽象的理性思考,是中学生逻辑思维的显著特征、随着学生对具体材料感知数量的增多、程度的增强,逻辑思维也逐渐加强。因此,教学中教师必须为学生提供充分的感观材料,并组织好他们对感观材料从感知到抽象的活动过程,从而帮助他们建立新的概念。例如教学科学记数法时,可让学生观察小数点移动的位数与 10 的 n 次方中 n 的关系,学生通过思考会发现小数点移动的位数正好是 n 的绝对值,应该向前移 n 为正,向后移 n 为负。这种抽象概括过程的展开,完全依赖于"观察——思考"过程的精密组织。

第二,指导发散思维拓展,推进旧知向新知转化的过程。数学教学的过程,其实是学生在教师的指导下系统地学习前人间接经验的过程,而指导学生知识的积极发散,推进旧知向新知转化的过程,正是学生继承前人经验的一条捷径。中学数学教材各部分内容之间都隐含着共同因素,因而使它们之间有机地联系着,我们要挖掘这种因素,沟通它们的联系,指导学生将已知迁移到未知、将新知识同化到旧知识,让学生用已获得的判断进行推理,再获得新的判断,从而拓展他们的认知结构。为此,一方面在教学新内容时,要注意唤起已学过的有关旧内容。

第三,强化练习指导,促进从一般到个别的运用。学生学习数学时,了解概念、认识原理、掌握方法,不仅要经历从个别到一般的发展过程,而且要从一般回到个别,即把一般的规律运用于解决个别的问题,这就是伴随思维过程而发生的知识具体化的过程。因此,一要加强基本练习;二要加强变式练习及该知识点在中考和奥赛中出现的题型的练习;三要重视练习中的比较和拓展联系;四要加强实践操作练习。

第四,指导分类、整理,促进思维的系统化。教学中指导学生把所学的知识,按照一定的标准或特点进行梳理、分类、整合,形成一定的结构,结成一个整体,从而促进思维的系统化。例如讲二元一次方程时,可将方程的所有知识系统梳理分类,在学生头脑中有个"由浅入深,由点到面"的过程。

（二）寻求正确思维方向的训练

第一，逻辑思维具有多向性，指导学生认识思维的方向。正向思维是直接利用已有的条件，通过概括和推理得出正确结论的思维方法。逆向性思维是从问题出发，寻求与问题相关联的条件，将只从一个方面起作用的单向联想，变为从两个方面起作用的双向联想的思维方法。横向思维是以所给的知识为中心，从局部或侧面进行探索，把问题变换成另一种情况，唤起学生对已有知识的回忆，沟通知识的内在联系，从而开阔思路，发散思维。它的思维方式与集中思维相反，是从不同的角度、方向和侧面进行思考，因而产生多种的、新颖的设想和答案。教学中应注重训练学生多方思维的好习惯，这样学生才能面对各种题型游刃有余，应该"授之以渔"而不是"授之以鱼"！要教学生如何思考，而不是只会某一道题。

第二，指导学生寻求正确思维方向的方法。培养逻辑思维能力，不仅要使学生认识思维的方向性，更要指导学生寻求正确思维方向的科学方法。为使学生善于寻求正确的思维方向，教学中应注意以下几点：1.精心设计思维感观材料。培养学生思维能力既要求教师为学生提供丰富的感观材料，又要求教师对大量的感性材料进行精心设计和巧妙安排，从而使学生顺利实现由感知向抽象的转化。2.依据基础知识进行思维活动。中学数学基础知识包括概念、公式、定义、法则、定理、公理、推论等。学生依据上述知识思考问题，便可以寻求到正确的思维方向。例如有些学生不知道如何作三角形的中位线，怎样寻求正确的思维方向呢？很简单，就是先弄准什么是三角形的中位线，作起来也就不难了。3.联系旧知，进行联想和类比。旧知是思维的基础，思维是通向新知的桥梁。由旧知进行联想和类比，也是寻求正确思维方向的有效途径。联想和类比，就是把两种相近或相似的知识或问题进行比较，找到彼此的联系和区别，进而对所探索的问题找到正确的答案。4.反复训练，培养思维的多向性。学生思维能力培养,不是靠一两次的练习、训练所能奏效的,而是需要反复训练、多次实践才能完成。由于学生思维方向常是单一的,存在某种思维定式,所以不仅需要反复训练,而且需要注意引导学生从不同的方向去思考问题,培养思维的多向性。

(三)对良好思维品质的培养要给予足够的重视

培养学生逻辑思维能力必须重视良好思维品质的培养,因为思维品质如何将直接影响着思维能力的强弱。

1.培养思维敏捷性和灵活性。教学中要充分重视教材中例题和练习中其他解法,并对比哪一种最优,怎样分析的,有没有不足之处,指导学生通过联想和类比,拓宽思路,选择最佳思路,从而培养学生思维的敏捷性和灵活性。

2.培养思维的广阔性和深刻性。教学中注意沟通知识之间的联系,可以培养思维的广阔性和深刻性。

3.培养思维的独立性和创造性。教学中要创造性地使用教材和借助形象思维的参与,培养学生思维的独立性和创造性。

教材例题中前面的多为学习新知识的铺垫,后面的则为已获得的知识的巩固、加深。因此,对前面例题教学的重点是使学生对原理理解清楚,对后面例题教学则应侧重于实践。之后的练习应进一步加深、拓展、发散。

三、重视中学数学逻辑思维能力的培养

本人从事初中教学工作十多年来,发现有很多的初中生不太重视数学逻辑思维能力的培养,在做数学综合题时往往会有"老虎吃天,无从下口"的感觉,从而对数学综合题束手无策,进而失去了对数学的学习兴趣,丧失了对数学的学习自信心,放弃了对数学的学习。那么,引导和培养初中生数学逻辑思维能力,真正做到"授人以渔"的重担就落在广大教育者的肩上。

为了提高学生对数学的学习兴趣,增强其学习自信心,在数学教学工作中,尤其在综合复习中要重点培养学生的逻辑思维能力,真正做到"授人以渔"。那么,应该如何培养初中生数学逻辑思维的能力呢?应该从以下几个方面入手。

(一)学好基础知识,打好基本功

所谓"万丈高楼平地起,建房首先打地基",学习科学知识也是如此,没有扎实的基本功,没有牢固的基础知识为后盾,学好数学、做数学综合题可以说是一句空话。这就要求学生学习要踏踏实实、戒骄戒躁,不得有丝毫的马虎和轻浮,教师要监督和引导学生刻苦努力学习基础知识。

(二)注意观察,寻求所熟悉的条件

一道难度较大的综合题,应该如何解答往往不是哪一位教授哪一位导师说怎样就怎样,而是题目本身告诉我们该怎样解答。很多学生不注意审题,抓不到题目当中所给的条件,所以会有"老虎吃天"的感觉,从而对数学综合题产生一种畏惧感,在困难面前不是迎刃而上,而是退缩不前,甚至可以说是"逃而避之"。要想不产生畏惧,在困难面前能够迎刃而上,就要求教师注重引导学生注意观察、注意审题,在题目当中寻求所熟悉的能够应用的条件。那么,应该如何在题目中寻找解题的条件呢?实际上,只要我们注意观察,就不难发现在一道道综合题中,所给的已知条件、图形信息、所要证明的或者所要解答的结论中,有很多我们所需要的解题信息。

如果我们能准确地抓住题目中的解题信息,将会给自己解决问题带来很大的方便。

例如在计算初中数学题:$|x+3|+|x+4|+|x+5|+|x+6|+|x+7|+|x+8|$求代数式有最小值时的 x 的取值范围并求出此时代数式的最小值这一题目时,很多同学不知道如何下手而放弃,有少部分同学采取分组讨论的方式而使解题烦琐且易出错。那么,此题的要点在哪里呢?

实际上，如果我们引导学生注意到题目当中出现了很多的绝对值，再根据数轴上两点间的距离与绝对值的关系加以启发，再结合数轴利用数形结合的思想，他们就可以很容易找到关键所在。

再如把1、2、3、4、5、6、7、8、9九个数字填入表中，使纵横斜线上每三个数字和都相等。

我们只要启发学生注意观察到九个数与图形的对称性，就能够增强他们解决问题的信心，激发他们的学习兴趣，真正做到"授人以渔"。

（三）形成正确的逻辑思维

我们正确地引导，同学们就能通过细致的观察，不难发现题目中所给的已知条件、图形特点甚至所要解答或证明的结论中有很多信息和所学过的基础知识或做过的练习有必然的内在联系。这就能帮助他们形成正确的逻辑思维，在解题中由"老虎吃天"变成"迎刃而解"了。

注意观察题目信息，形成正确的逻辑思维是解数学题尤其是数学综合题的关键。

根据所给信息，结合所学知识，得到正确的解题方法，这就形成了正确的逻辑思维。正确的逻辑思维的形成，并不是一件困难的事情。只要我们掌握了一定的基础知识，并能够注意观察审题，准确找到题目中的解题信息，然后进行综合分析，形成正确的逻辑思维就是很自然而然的、水到渠成的事情。只有注意培养数学逻辑思维能力，才能形成正确的解题方法和解题技巧，才能真正从烦琐复杂的数学题海中解脱出来，只有经过训练、培养，形成正确的逻辑思维方式方法，才能做到以不变应万变，才能在解数学综合题中做到"游刃有余"。当然，这和教师的辛勤培养、精心引导是分不开的。

四、如何提高数学直觉思维能力

（一）什么是数学直觉

数学直觉是一种直接反映数学对象结构关系的心智活动形式，它是人脑对于数学对象事物的某种直接的领悟或洞察。它在运用知识组块和直感时都得进行适当的加工，将脑中贮存的与当前问题相似的块，通过不同的直感进行联结，它对问题的分解、改造、整合、加工是有创造性的加工。

数学直觉，可以简称为数觉（有很多人认为它属于形象思维），但是并非数学家才能产生数学的直觉，对于学习数学已经达到一定水平的人来说，直觉是可能产生的，也是可以培养的。数学直觉的基础在于数学知识的组块和数学形象直感的生长。因此如果一个学生在解决数学新问题时能够对它的结论作出直接的迅速的领悟，那么我们就应该认为这是数学直觉的表现。

数学是对客观世界的反映，它是人们对生活的世界运行的秩序直觉的体现，再以数学的形式将思考的理性过程格式化。数学最初的概念是基于直觉的，数学在一定程度上就是在问题解决中得到发展，问题解决也离不开直觉。下面我们就以数学问题的证明为例，来考察直觉在证明过程中所起的作用。

一个数学证明可以分解为许多基本运算或多个"演绎推理元素"。一个成功的组合，仿佛是一条从出发点到目的地的通道，一个个基本运算和"演绎推理元素"就是这条通道的一个个路段，从一个成功的证明摆在我们面前开始，逻辑便可以帮助我们确信沿着这条路必定能顺利地到达目的地，但是逻辑却不能告诉我们，为什么这些路径的选取与这样的组合可以构成一条通道。事实上，出发不久就会遇上岔路口，也就是遇上了正确选择构成通道的路段的问题。

庞加莱认为，即使能复写一个成功的数学证明，但不知道是什么东西造成了证明的一致性。这些元素安置的顺序比元素本身更加重要。笛卡尔认为在数学推理中的每一步，直觉能力都是不可缺少的。就好似我们平时打篮球，要靠球感一样，在快速运动中来不及去作逻辑判断，动作只是下意识的,而下意识的动作正是平时训练产生的一种直觉。

在教育过程中,由于老师把证明过程过分地严格化、程序化,学生只是见到一具僵硬的逻辑外壳,直觉的光环被掩盖住了,而把成功往往归功于逻辑的功劳,对自己的直觉反而不觉得。学生的内在潜能没有被激发出来,学生的兴趣没有被调动,得不到思维的真正乐趣。

《中国青年报》曾报道"约30%的初中生学习了平面几何推理之后,丧失了对数学学习的兴趣",这种现象应该引起数学教育者的重视与反思。

(二)数学直觉思维的主要特点

直觉思维有以下四个主要特点:

1.简约性。直觉思维是对思维对象从整体上考察,调动自己的全部知识经验,通过丰富的想象作出的敏锐而迅速的假设、猜想或判断,它省去了一步一步分析推理的中间环节,而采取了"跳跃式"的形式。它是一瞬间的思维火花,是长期积累上的一种升华,是思维者的灵感和顿悟,是思维过程的高度简化,但是它却清晰地触及到事物的"本质"。

2.经验性。直觉所运用的知识组块和形象直感都是经验的积累和升华。直觉不断地组合老经验,形成新经验,从而不断提高直觉的水平。

3.迅速性。直觉解决问题的过程短暂,反应灵敏,领悟直接。

4.或然性。直觉判断的结果不一定都正确,这是由于组块本身及其联结存在模糊性所致。

(三)数学直觉思维的培养

从前面的分析可知,培养数学直觉思维的重点是重视数学直觉。徐利治教授指出:"数学直觉是可以后天培养的,实际上每个人的数学直觉也是不断提高的。"也就是说数学直觉是可以通过训练提高的。美国著名心理学家布鲁纳指出:"直觉思维、预感的训练,是正式的学术学科和日常生活中创造性思维的很受忽视而重要的特征。"并提出了"怎样才有可能从低年级起便开始发展学生的直觉天赋"。我们的学生,特别是差生,都有着极丰富的直觉思维的潜能,关键在于教师的启发诱导和有意培养。

在明确了直觉的意义的基础上,就可以从下列各个方面入手来培养数学直觉:

1.重视数学基本问题和基本方法的牢固掌握和应用,以形成并丰富数学知识组块

直觉不是靠"机遇",直觉的获得虽然有偶然性,但决不是无缘无故的凭空臆想,而是以扎实的知识为基础。若没有深厚的功底,是不会迸发出思维的火花。所以对数学基本问题和基本方法的牢固掌握和应用是很重要的。所谓知识组块又称知识反应块。它们由数学中的定义、定理、公式、法则等组成,并集中地反映在一些基本问题、典型题型或方法模式中。许多其他问题的解决往往可以归结成一个或几个基本问题,化为某类典型题型,或者运用某种方式模式。这些知识组块由于不一定以定理、性质、法则等形式出现,而是分布于例题或问题之中,因此不容易引起师生的特别重视,往往被淹没在题海之中,如何将它们筛选出来加以精练是数学中值得研究的一个重要课题。

解数学题时,在明了主体题意并抓住题目条件或结论的特征之后,往往一个念头闪现就描绘出了解题的大致思路。这是尖子生经常会碰到的事情,在他们大脑中贮存着比一般学生更多的知识组块和形象直感,因此快速反应的数学直觉就应运而生。

2.强调数形结合,发展几何思维与类几何思维

数学形象直感是数学直觉思维的源泉之一,而数学形象直感是一种几何直觉或空间观念的表现,对于几何问题要培养几何自身的变换、变形的直观感受能力。对于非几何问题则要用几何眼光去审视分析,这样就能逐步过渡到类几何思维。

3.重视整体分析,提倡块状思维

在解决数学问题时要教会学生从宏观上进行整体分析,抓住问题的框架结构和本质关系,从思维策略的角度确定解题的入手方向和思路。在整体分析的基础上进行大步骤思维,使学生在具有相应的知识基础和已达到一定熟练程度的情况下能变更和化归问题,分析和辨认组成问题的知识集成块,培养思维跳跃的能力。在练习中注意方法的探求、思路的寻找和类型的识别,培养简缩逻辑推理过程、迅速作出直觉判断的洞察能力。

4.鼓励大胆猜测,养成善于猜想的数学思维习惯

数学猜想是在数学证明之前构想数学命题的思维过程。"数学事实首先是被猜想,然后才被证实。"猜想是一种合情推理,它与论证所用的逻辑推理相辅相成。对于未给出结论的数学问题,猜想的形成有利于解题思路的正确诱导;对于已有结论的问题,猜想也是寻求解题思维策略的重要手段。数学猜想是有一定规律的,并且要以数学知识的经验为支柱。但是培养敢于猜想、善于探索的思维习惯是形成数学直觉、发展数学思维、获得数学发现的基本素质。因此,在数学教学中,既要强调思维的严密性、结果的正确性,也不应忽视思维的探索性和发现性,即应重视数学直觉猜想的合理性和必要性。

数学直觉思维能力的培养是一个长期的过程。要做一名好的教师,就必须在数学教育的每一个角落渗透对学生的直觉思维的培养,让学生有敏捷的思维、灵活的解题思路和很强的对以往知识结构综合利用能力。这不仅有利于学生智力的开发,更有利于学生逻辑思维的培养。

第四节　新课程改革下对学生数学思维能力的培养

新课程教学改革,不仅针对知识的内容进行了调整,更主要的是针对学生的能力养成提出了新的要求和标准,这种要求和标准不能用高与低去衡量,而其改革方向更加适应了学生的个性发展需要,更加有利于学生的综合素质提高。对于学生思维能力的培养,不能再像以前那样通过"题海"让学生"累出"能力,或只是空谈思维能力的培养而将一些方法和思想"压迫式"地让学生接受。《新课程标准》中明确指出"高中数学课程应注重提高学生的数学思维能力,这是数学教育的基本目标之一"。可见新课改对学生思维能力培养的重视程度,故此必须建立一套以《新课程标准》为依托,以学生本身的个性发展为导向的完整而科学的思维培养的方法和方案。

一、相关概念

(一)数学思维过程是主体以获取数学知识或解决数学问题为目的,运用相关的思维方法或方式达到认识数学内容的内在的信息加工活动。这种思维活动可以分为三类基本过程,即学习、模式识别和问题解决,这三类过程是相互区别而又渗透联系的。

1.学习是指获取信息并把他们存储起来,消化,将其内容融合到自己的记忆和思维中去。

数学学习的一般思维过程可以通过数学认知结构的功能来表达,如图:

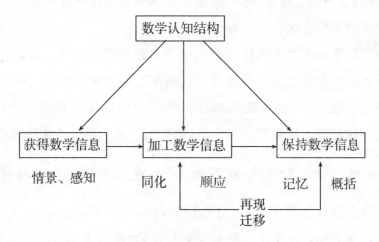

获得数学信息是学生依靠原有的认知结构来形式化地感知数学材料和理解对象结构的阶段；接着进入加工数学信息的阶段，其总体方式有两种，即同化和顺应，其具体加工方法当然还可细分；然后进入保持数学信息的阶段，保持的方式是数学记忆，特别是概括记忆。在这个过程中间，保持下来的数学信息能通过回忆重现，并反馈式地迁移于解决新的问题，重新参与数学信息的加工处理。

2.数学思维模式是反映特定的数学问题的关系结构，是指主体在数学思维活动中形成的相对稳定的思维样式，是主体对数学信息加工的具体方式。数学思维模式的形成来源于主体已有的数学知识和经验，而在数学学习过程和思维模式的运用过程中不断得到丰富和发展。

3.问题解决是数学思维的最重要的一类基本过程。前面进行的学习和思维模式的构建为的就是能够解决数学问题。问题解决是一系列的模式识别过程，同时也是一种广义的数学学习过程。问题是数学的心脏，而问题解决就是数学思维的核心。数学问题可以按照多种不同的标准进行分类。如：①按照解题目标分为计算题、证明题、作图题和轨迹题等；②按照综合程度分为单一性题和综合题；③按照评分的客观性分为客观性题（包括选择题、是非题、填空题等）与非客观性题（包括问答题、论证题等）；④按照思维规范程度分为常规题与非常规题。规范题即为标准题，通常指能够较直接运用数学模式或数学思维模式加以解决。非规范题即非标准题，其往往因为形式独特、类型不规范，数学关系的隐蔽性或推理方法的间接性等困难，需要运用思维策略灵活地进行具体分析，使其转化为常规问题以应用已有的数学模式或思维模式加以解决。

（二）数学解题的思维过程是指从理解问题开始，经过探索思路、转换问题直至解决问题、进行回顾的全过程中的思维过程。对于这个过程，可以从思维科学、心理学、人工智能及数学教育等各个方面去分析，从而就有各种不同的理解,但是他们在本质上是一致的,所区别的主要是看问题的角度和所强调的侧重点的不同。

(三)数学思维的个性品质。数学思维的个性品质表现在两个方面:智力品质和非智力品质。

1.智力品质是指主体的数学思维活动对客观事物数学关系的理解和掌握的程度或水平,是衡量主体思维发展水平的重要标志,它主要表现在思维的广阔性、深刻性、灵活性、敏捷性、独创性和批判性等六个方面。①思维的广阔性是指思维活动作用范围的广泛和全面的程度。其表现为思路开阔,能全面分析问题,多方面思考问题,多角度研究问题,在解题时常表现为一题多解或一法多用,善于运用各种形式的发散思维来思考问题;②思维的深刻性是指思维活动的抽象程度和逻辑水平。它表现为善于使用抽象概括,理解透彻深刻,推理严密,逻辑性强,解决难度较大问题。善于运用集中思维和分析思维是思维深刻性的主要特征;③思维的灵活性是指思维活动的灵活程度。它表现为对知识的运用自如,能够根据具体情况及时换向,灵活调整思路,克服思维定式。在解决数学问题时,善于运用辩证思维,对具体问题做具体分析是思维灵活性的重要特征;④思维的敏捷性是指思维活动的反应速度和熟练程度。善于运用直觉思维,善于把问题转换化归,善于使用数学模式等都是思维敏捷性的重要表现;⑤思维的独创性是指思维活动的创新程度。它表现为思考问题和解决问题时的方式方法或结果的新颖、独特、别出心裁。善于发现问题、解决并引申问题是思维创造性的表现之一;⑥思维的批判性是指思维活动中独立分析和批判的程度。它表现为善于独立思考,善于提出疑问,能够及时发现错误,纠正错误。

2.非智力品质是主体进行思维的潜在能力的表现,它是影响主体思维活动水平的心理因素,包括动机与意志、情感与兴趣、性格与态度、精神与作风等。

思维的智力品质和非智力品质之间具有相互渗透、相互转化的辩证关系。非智力品质对于智力品质起着引导、定向、维持、强化等促进作用。而智力品质又能反过来使非智力品质逐步调整、定型、稳定和优化发展。因此,非智力因素的潜智力性质可以在适当的条件下得到充分地表现。值得注意的是,无论智力品质还是非智力品质都是后天性的,是在主体思维发展的进程中逐步形成和稳定化的,因而在形成和发展时期具有可培养性和可变性。

(四)教师、学生与数学思维关系。

在正常的教学中,教师与学生的关系是主导与主体的关系,即学生是思维的主体,而教师是学生思维的主导。能否使学生的数学思维能力得到充分的发展,关键在于这个关系中的思维监控结构的建立是否健全和合理。数学思维监控结构是由教师的主导意识和学生的自控意识的相互作用构成的。教师要发挥启导学生数学思维的作用,就需要提高自身的数学思维水平,从而提高对学生思维活动的指导水平。学生是思维的主体,就需要确立自我意识,能自觉调控思维进程,对自己的思维活动有清醒的认识和正确的估计,才能提高数学思维的效率。

二、"问题"思维继续与升级的"诱发剂"

目前我国的中学数学教学中存在着两种倾向:一种是偏于题型的过细分类和具体的解题方法研究;另一种是过分地强调解题的发散思维而笼统地谈论定向思维的重要性。这两种倾向都存在着片面性和缺乏长效性。那么如何才能激发学生的学习兴趣,优化学生的思维解题过程,使学生的个性思维品质得以充分发展呢?我认为"问题链"是最佳的教学模式,下面就在以上各概念的基础上论述有关问题和思维的关系及其之间的互相促进作用。

(一)"问题"是思维开始的导向者

美国数学教育家乔治·波利亚曾针对如何解题提出了数学解题思维过程的四个阶段,即"弄清问题、拟订计划、实现计划和回顾",这四个阶段的思维实质可以用下面的八个字加以概括:理解、转换、实施、反思。波利亚在这四个阶段中用了一连串的问句与建议来启发我们找到解题的途径和方法,来表示思维过程的正确收缩程序。如下:

第一:弄清问题

未知数是什么? 已知数据是什么? 条件是什么? 满足条件是否可能? 要确定未知数,条件是否充分? 或者它是否不充分? 或者是多余的? 或者是矛盾的?

第二:拟订计划

你以前见过它吗? 你是否见过相同问题而形式稍有不同? 你是否知道与此有关的问题? 你是否知道一个可能用得上的定理?

……

第三:实现计划

你能否清楚地看出这一步骤是正确的? 你能否证明这一步骤是正确的?

第四:回顾

你能否检验这个论证? 你能否用别的方法导出这个结果? 你能不能把这结果或方法用于其他的问题?

由上可见,上面的四个解题的阶段,都用不同的问题去延续自己的思维,每一个思维的开始是由于一个问题的出现,那么随着问题的延续,思维也将延续或转化,故一个思维活动过程的结束包含着另一个思维活动过程的开始。此种思维策略也可形象地称之为"化生为熟",即在认识一个新事物或解决一个新问题时,往往会用已认识的事物性质和问题特征去比较对照新事物和新问题,设法将新问题的分析研究纳入到已有的认知结构或模式中来。因此把陌生的问题通过适当的变更,化归为熟悉的问题。

(二)问题链与数学思维

培养学生分析问题和解决问题的综合能力是中学数学教学的一个重要目的。数学教学不仅要教学生数学知识,还要教给学生获得知识的方法与过程,即不仅要"教知识",而且要"教思考""教猜想",且只有将其贯穿于"教知识"的过程中,即平时所说的要"授之以渔而非授之以鱼",只有这样才能"逐步形成运用数学知识分析和解决实际问题的能力",同时促进数学解题思维的进一步广阔性的发展,同时也能够促进非智力品质的进一步提高,因此这种以问题为特色的数学思维模式——问题链,将更大程度地发展数学思维、培养提出问题解决问题的能力。

问题链可根据内容、难度和其他合理性的要求,灵活设置、变更。

数学思维的培养是一个大课题,对于它的研究需要很多的教育教学工作者继续不断地深入。面对新课程改革我们一定要敢于创新,让我们具有时代性的思维培养方法及教学方法能够有效提高学生的思维能力和综合解题能力。

第五节　让学生通过正确的思维来学习数学

数学思维影响着人的做事能力与效率,高中数学并不是无用的。掌握了基本的数学思维方法对于更好地学习数学及提高自身的综合素质有着重要的意义。本节将阐述阻碍学生数学思维的原因及具体表现,分析数学思维的构成与训练方法,提出课堂教学的具体措施。

在初中数学学习过程中,经常听到学生反映上课听老师讲课,听得很"明白",但到自己解题时,总感到困难重重,无从入手;有时在课堂上,待教师把某一问题分析完时,常常看到学生拍脑袋:"唉,我怎么想不到这样做呢?"事实上,学生解答问题发生困难,并不是因为这些问题的解答太难以致学生无法解决,而是其思维形式或结果与具体问题的解决存在着差异。也就是说,这时候,学生的数学思维存在着障碍。这种思维障碍,有的是来自于教学中的疏漏,而更多的则来自于学生自身,来自于学生中存在的非科学的知识结构和思维模式。因此,发展学生的数学思维对于纠正学生数学学习中的误区,培养学生数学学习能力乃至提高学生综合素质都具有十分重要的意义。

思维是人脑对客观现实的概括和间接的反映,反映的是事物的本质及内部的规律性。所谓中学生数学思维,是指学生在对中学数学感性认识的基础上,运用比较、分析、综合、归纳、演绎等思维的基本方法,理解并掌握中学数学内容而且能对具体的数学问题进行推论与判断,从而获得对中学数学知识本质和规律的认识能力。中学数学的数学思维虽然并非总等于解题,但我们可以这样讲,中学生的数学思维的形成是建立在对高中数学基本概念、定理、公式理解的基础上的;发展中学生的数学思维最有效的方法是通过解决问题来实现的。

一、阻碍学生数学思维的原因

根据布鲁纳的认识发展理论,学习本身是一种认识过程,在这个过程中,个体的学习总是要通过已知的内部认知结构,对"从外到内"的输入信息进行整理加工,以一种易于掌握的形式加以储存。也就是说,学生能从原有的知识结构中提取最有效的旧知识来吸纳新知识,即找到新旧知识的"媒介点",这样,新旧知识在学生的头脑中发生积极的相互作用和联系,导致原有知识结构的不断分化和重新组合,使学生获得新知识。但是这个过程并非总是一次性成功的。一方面,如果在教学过程中,教师不顾学生的实际情况(即基础)或不能觉察到学生的思维困难之处,而是任由自己的思路或知识逻辑进行灌输式教学,等到学生自己去解决问题时往往会感到无所适从;另一方面,当新的知识与学生原有的知识结构不相符或者新旧知识中间缺乏必要的"媒介点"时,这些新知识就会被排斥或经"校正"后吸收。因此,如果教师的教学脱离学生的实际,如果学生在学习高中数学过程中,其新旧数学知识不能顺利"交接",那么这时就势必会造成学生对所学知识认知上的不足、理解上的偏颇,从而在解决具体问题时就会产生思维障碍,影响学生解题能力的提高。

二、数学思维欠缺的具体表现

(一)数学思维的肤浅性

由于学生在学习数学的过程中,对一些数学概念或数学原理的发生、发展过程没有深刻地去理解,一般的学生仅仅停留在表象的概括水平上,不能脱离具体表象而形成抽象的概念,自然也无法摆脱局部事实的片面性而把握事物的本质。由此而产生的后果:

1.学生在分析和解决数学问题时,往往只顺着事物的发展过程去思考问题,注重由因到果的思维习惯,不注重变换思维方式,缺乏沿着多方面去探索解决问题的途径和方法。

2.缺乏足够的抽象思维能力,学生往往善于处理一些直观的或熟悉的数学问题,而对那些不具体的、抽象的数学问题常常不能抓住其本质,转化为已知的数学模型或过程去分析解决。

(二)数学思维的差异性

由于每个学生的数学基础不尽相同,其思维方式也各有特点,因此不同的学生对于同一数学问题的认识、感受也不会完全相同,从而导致学生对数学知识理解的偏颇。这样,学生在解决数学问题时,不大注意挖掘所研究问题中的隐含条件,抓不住问题中的确定条件,影响问题的解决。

三、关于数学思维的构成与训练方法

(一)逻辑思维

逻辑思维活动的能力,集中表现为应用内涵更博大、概括力更强的符号的能力,这种能力就是高度抽象的能力。

1.为了提高学生的逻辑活动的能力,必须从概念入手。在教学中教师要引导学生充分认识构成概念的基本条件,揭示概念中各个条件的内在联系,掌握概念的内涵和外延,在此基础上建立概念的结构联系。

2.引导学生正确使用归纳法,善于分析、总结和归纳。由归纳法推理所得的结论虽然未必是可靠的,但它由特殊到一般,由具体到抽象的认识功能对于科学的发现是十分有用的。

3.引导学生正确使用类比法,善于在一系列的结果中找出事物的共同性质或相似处之后,推测在其他方面也可能存在的相同或相似之处。

(二)发散思维

发散思维有助于克服那种单一、刻板和封闭的思维方式,使学生学会从不同的角度解决问题的方法。在课堂教学中,进行发散思维训练常用的方法主要有以下两点:

1.采用"变式"的方法。变式教学应用于解题,就是通常所说的"一题多解"。一题多解或一题多变,能引导学生进行发散思考,扩展思维的空间。

2.提供错误的反例。为了帮助学生从事物变化的表象中去揭示变化的实质,从多方面进行思考,教师在从正面讲清概念后,可适当举出一些相反的错误实例,供学生进行辨析,以加深对概念的理解,引导学生进行多向思维活动。

（三）形象思维

形象思维能力集中体现为联想和猜想的能力。它是创造性思维的重要品质之一,主要从下面几点来进行培养:

1.要想增强学生的联想能力,关键在于让学生把知识经验以信息的方式井然有序地储存在大脑里。

2.在教学活动中,教师应当努力设置情景触发学生的联想。在学生的学习中,思维活动常以联想的形式出现,学生的联想力越强,思路就越广阔,思维效果就越好。

3.为了使学生的学习获得最佳效果,让联想导致创造,教师应指导学生经常有意识地对输入大脑的信息进行加工编码,使信息纳入已有的知识网络,或组成新的网络,在头脑中构成无数信息链。

（四）直觉思维

在数学教学过程我们应当主动创造条件,自觉地运用灵感激发规律,实施激疑顿悟的启发教育,坚持以创造为目标的定向学习,特别要注意对灵感的线形分析,以及联想和猜想能力的训练,以期达到有效地培养学生数学直觉思维能力之目的。

1.应当加强整体思维意识,提高直觉判断能力。扎实的基础是产生直觉的源泉,阿提雅说过:"一旦你真正感到弄懂一样东西,而且你通过大量例子,以及与其他东西的联系取得了处理那个问题的足够多的经验,对此你就会产生一种正在发展的过程是怎么回事,以及什么结论应该是正确的直觉。"

2.要注重中介思维能力训练,提高直觉想象能力。例如,通过类比,迅速建立数学模型,或培养联想能力,促进思维迅速迁移,都可以启发直觉。我们还应当注意猜想能力的科学训练,提高直觉推理能力。

3.教学中应当渗透数形结合的思想,帮助学生建立直觉观念。

4.可以通过提高数学审美意识,促进学生数学直觉思维的形成。美感和美的意识是数学直觉的本质,提高审美能力有利于培养学生对数学事物间所有存在着的和谐关系及秩序的直觉意识。

(五)辩证思维

辩证思维的实质是辩证法对立统一规律在思维中的反映。教学中教师应有意识地从以下几个方面进行培养:

1.辩证地认识已知和未知。在数学问题未知里面有许多重要信息,所以未知实际上也是已知。数学上的综合法强调从已知导向未知,分析法则强调从未知去探求已知。

2.辩证地认识定性和定量。定性分析着重于抽象的逻辑推理;定量分析着重于具体的运算比较,虽然定量分析比定性分析更加真实可信,但定性分析对定量分析常具有指导作用。

3.辩证地认识模型和原型。模型方法是现代科学的核心方法,所谓模型方法就是通过对所建立的模型的研究来推知原型的某种性质和规律。这种方法需要我们注意观念上的转变和更新。

四、发展学生数学思维的具体措施

(一)重视中学数学起始教学

教师必须着重了解和掌握学生的基础知识状况,尤其在讲解新知识时,要严格遵循学生认知发展的阶段性特点,照顾到学生认知水平的个性差异,强调学生的主体意识,发展学生的主动精神,培养学生良好的意志品质;同时要培养学生学习数学的兴趣。教师可以帮助学生进一步明确学习的目的性,针对不同学生的实际情况,因材施教,分别给他们提出新的更高的奋斗目标,使学生有一种"跳一跳,就能摸到桃"的感觉,提高学生学好高中数学的信心。

(二)重视数学思想方法的教学,指导学生提高数学意识

数学意识是学生在解决数学问题时对自身行为的选择,它既不是对基础知识的具体应用,也不是对应用能力的评价,数学意识是指学生在面对数学问题时该做什么及怎么做,至于做得好坏,当属技能问题。有时一些技能问题不是学生不懂,而是他们不知怎么做才合理。有的学生面对数学问题,首先想到的是套那个公式,模仿那道做过的题目求解,对没见过或背景稍微陌生一点的题型便无从下手,无法解决,这是数学意识落后的表现。数学教学中,在强调基础知识的准确性、规范性、熟练程度的同时,我们应该加强数学意识教学,指导学生以意识带动双基,将数学意识渗透到具体问题之中。因此,在数学教学中只有加强数学意识的教学,如"因果转化意识""类比转化意识"等的教学,才能使学生面对数学问题得心应手、从容作答。所以,提高学生的数学意识是突破学生数学思维障碍的一个重要环节。

(三)诱导学生暴露其原有的思维框架,消除思维定式的消极作用

在高中数学教学中,我们不仅仅是传授数学知识,培养学生的思维能力也应是我们的教学活动中相当重要的一部分。而诱导学生暴露其原有的思维框架,包括结论、例证、推论等,对于突破学生的数学思维障碍会起到极其重要的作用。

使学生暴露观点的方法很多。例如,教师可以用与学生谈心的方法,可以用精心设计的诊断性题目,事先了解学生可能产生的错误想法,要运用延迟评价的原则,即待所有学生的观点充分暴露后,再提出矛盾,以免暴露不完全,解决不彻底。有时也可以设置疑难,展开讨论,疑难问题引人深思,选择学生不易理解的概念、不能正确运用的知识或容易混淆的问题让学生讨论,从错误中引出正确的结论,这样学生的印象特别深刻。而且通过暴露学生的思维过程,能消除消极的思维定式在解题中

的影响。当然,为了消除学生在思维活动中只会"按部就班"的倾向,在教学中还应鼓励学生进行求异思维活动,培养学生善于思考、独立思考的方法,不满足于用常规方法取得正确答案,而是多尝试、探索最简单、最好的方法解决问题的习惯。发展思维的创造性也是突破学生思维障碍的一条有效途径。

美国著名数学家波利亚曾统计:学生毕业后,研究数学和从事数学教育的人占 1%,使用数学的人占 29%,基本不用或很少用数学的占 70%。我国的情况大抵相仿。对于大多数学生来说,数学思想方法比形式化的数学知识更加重要。因为前者更具有普遍性,在其未来的生活和工作中能派上用场。可以说,一个掌握数学思维方法的人在处理生活中的问题时会井井有条,富有逻辑性,它会对一个人的思维水平及整体文化素质产生深刻而持久的影响,使其受益终生。

第七章　提高中小学生英语思维能力

第一节　培养中小学生用英语思维的习惯

语言是思维的工具,而语言思维是把语言学习转化为语言交际的唯一媒介。用英语思维,就是指在使用语言进行表达或阅读时,没有母语的介入,没有"心译"的过程,完全用英语思考、表达自己或领悟别人的意思。我们学习英语,总有一个母语(汉语)干扰源问题。因此,在英语教学中,教师应采用多种有效方法,充分调动学生的各种感官,把语言材料和思维直接联系起来,尽量减少汉语这一中间环节,培养学生用英语思维的习惯。

一、用英语授课,促使学生用英语思维

语言和思维是直接联系起来的,两者是一个不可分割的整体。学生学习英语要与思维直接联系,培养用英语思维的能力。

教学大纲指出:"为了使学生的英语与客观事物建立直接联系,提高英语教学的效果,在英语教学中要尽量使用英语。教师要利用已学的英语来解释或表达新的教学内容。"长期用英语授课,耳濡目染,有利于提高学生的"四会"能力。教师用英语授课不仅提高了英语的复现率,而且对学生是一种鞭策和推动,学生更多地接触英语,用英语思维,学习英语知识,努力提高运用语言的能力,学会使用英语。教师用英语上课时,语言应力求规范、准确。应在学生听懂的基础上逐步提高。近几年英语学习的趋势是:年龄越来越小,时间越来越长,花费的精力越来越大,但学习的效果并没有本质提高,根本原因是我们一直以词汇量、语法量、考级、考试分数等作为学习目标,忽视了培养学生的英语思维。英语思维是英语的灵魂和生命,掌握了它,就能自由地操纵英语,且终身不忘,若没有它,就如同人没有大脑,无法自如地支配所学的英语知识,而且不学就忘。教师和学生都要明确:掌握英语思维是学好英语的根本。在平时的教与学环节中要最大限度地用英语去理解,用英语去思考,用英语去创造,用英语去实现。

二、充分利用直观教具和电教媒体,创设英语情境

一个人,尤其是小孩,在英语环境中可以自然掌握英语。因此英语环境是英语思维建立的土壤和必要条件。英语环境包括两个方面,首先,接收的是英语信息;其次,英语信息量大。二者缺一不可,这也是英语教育的难点。许多人认为只要是全英文授课就是英语环境,就能建立英语思维。其实母语思维(即所谓的理解)是一种本能思维,如果信息量小,即使是全英语授课,也会本能地用汉语翻译,实质是用汉语思维来学英语,不可能建立英语思维。教师可以通过以下几种方式创设英语思维环境。

(一)用教室、黑板报,营造英语文化氛围

在学校里,教室和黑板报是教师授课和学生学习英语的主要场所,也是学生接受英语信息刺激最集中的地方。教师要有意识地利用教室创设英语文化氛围,使学生一步入教室就有一种进入"英语小世界"的感觉。教师可以用英语写作息时间表和课程表,也可以在教室墙壁上张贴名言警句等激励学生努力学习;另外,还可以定期开展"English Corner"活动,让学生用英语自由交谈,发表简单演讲,从而提高交际能力。

(二)用英语上课,创造良好的语言环境

教师在课堂上要尽量使用英语,用英语讲解语言材料,创造活用英语的真实情景,促使学生用英语进行思维,养成用英语交际的习惯。

（三）坚持利用课前 5 分钟，开展简单会话

每节课开始，教师要拿出 5 分钟时间让学生作值日报告或自由谈话，用英语交流。教师可事先给出一个话题，如商店购物，银行取钱，旅馆订、退房，看医生，机场接、送客人，个人的兴趣爱好等比较贴近生活的话题。事实证明，学生非常珍惜这一锻炼机会，都能积极准备。这样，他们在参与过程中学以致用，既体会到了学习英语的乐趣，又锻炼了交际能力。

（四）通过角色扮演，创设情境

教育学研究表明，教学这种特定情境中的人际交往由教师和学生的双边活动构成。教师引导学生积极主动地参与到语言实践中去。当学完一篇适宜表演的课文时，可以让学生根据课文内容表演，学生纷纷抢着登台表演，演得惟妙惟肖。这样，学生既当观众，又当演员，活跃了课堂气氛，又进行了真实的交际活动。著名的语言学家克鲁姆认为，成功的外语课堂教学应该创设更多的情境，让学生有机会运用已学过的语言材料。如教买东西时，准备好饮料、水果、食品，让学生上台做模拟排队买东西，然后听一遍录音，再让学生模仿一遍。这样的表演为英语学习增添了情趣，并加深了学生对所学内容的记忆，可谓一举两得。

三、加强听读训练，培养学生的语感

语言习得理论认为，人们掌握语言的最佳途径主要是通过"可理解的输入"。在听、读、说、写四种能力中，听读是"输入"，说写是"输出"。输入越多，语言掌握越好，运用就越自如、地道。有位心理学家认为："只有自然吸引的语言才能转化为口头的熟练掌握。"他强调"学外语首要的是大量接触生动的实际的语言材料"。因此在教学中，应为输出打下基础。在听方面，除教师在课堂上尽量用英语讲话给学生听的机会外，高效率地使用录音机，可以创设一定的听的环境。要充分利用课本配套的听力训练。另外还可以补充听力训练材料。学生在长期的足量的听力

训练影响下,就能逐渐形成良好的语感。学生一旦处于某一环境,就会不加思考,也能从直觉上意识到在该环境中该怎样用英语表达。

四、介绍中英文化差异,形成思维定式

长期以来,中学英语教学一直以传授语言知识(即语音、词汇和语法)为主,认为只要掌握了这些语言形式,就会运用自如。事实上,有些句子用得不恰当或不地道,甚至是错误的,出现了汉语式英语,如"Thank your help.""His left eye is blind."等。也有的语言形式正确(无语法错误),但是在一定的语境中不宜使用(即功能局限)。如"How old are you?"是个正确句子,但若你遇到一位女士就不能这样问话。因为在西方应避免问诸如年龄、婚姻、工资等问题,这样问与习俗不符,被认为很不礼貌。因此,在英语教学中,一是遇到英汉表达有差异的句子时,要特别强调指出,并通过反复操练达到熟用的目的;二是介绍有关的文化背景知识,指出文化差异。诸如问候、表扬、邀请、致谢、求助、许诺等场合的习惯应答等。总之,在教学中,我们不能一味地"从英语到汉语",或"从汉语到英语",而应尽可能多地给学生提供英语环境,让学生在实际操练中学习、掌握英语,使用地道的英语。进而达到在使用英语时完全用英语思维,排除母语的干扰。而英语思维的培养,并非一朝一夕之功,是长期努力的结果。合理使用英语和掌握丰富的文化背景知识是培养英语思维的重要途径。

第二节　提高中小学生英语思维能力的各种途径

一、中小学生英语思维能力的培养

思维是在表象概念的基础上进行的分析、综合、判断和推理等认知活动,是认知结构中的核心成分。中学生英语思维能力是素质教育对英语教学的核心要求。

(一)创设良好的氛围,激发学生用英语思维的兴趣

根据学生的年龄和思维特征以及教学的实际内容,营造民主氛围,开展多种形式的培养学生英语思维能力的课堂活动。如建立值日生用英语进行汇报的制度,通过 pair work,group work 等形式进行有关对话和课文的话题讨论,在这种合作学习活动中,学生会积极动脑,共同探究和互相启发。学生对英语掌握程度不尽相同,但往往可以通过你一言、我一语地相互提醒而理解所学语言。不同学生之间的观察、思维和想象能力也不一样,往往可以通过你猜到一点、我发现一点地相互启发得出答案。这样就营造了课堂气氛热烈、学生思维活跃的良好氛围。

(二)培养和训练英语语感,是培养英语思维能力的有效途径

要培养和训练英语语感,必须做到四多:

1.多朗读、多背诵有利于英语语感的形成和思维能力的提高。大声朗读英语,由于口舌的活动会促进机械记忆并产生一系列反应活动,如感觉、知觉和思维,有利于语感的形成。同时帮助学生记忆课文中的重要词组和句型,有利于语言的积累。背诵对于缺少自然英语环境的中国学生来说是必不可少的。对于一些优秀的、经典的语篇及会话,要求学生背诵,这样不仅对形成语感有益,而且能产生美感,提高学生对语言的感悟能力。

2.多听、多说是培养语感,形成思维能力的又一途径。想通过听说培养语感就必须在具体的语境中进行。英语教材中对话材料是很好的听说话题,我们可以创设围绕各个话题的模拟的或真实的语境,让学生进行交流练习活动。如采用角色扮演就是很好的训练语感的方法。

3.多阅读既给学生提供了大量的语言实践机会,使学生学过的东西再现并形成语感,又能使学生深深感知英语国家人的思维方式,体味英汉思维的差异,并形成自己内部的语言和思维,内部语言的形成和发展又刺激了外部语言的发展,提高了用大脑组织语言的能力。

4.多书写有利于使语感和思维由潜意识的发展转化为外在的行动,使其得到更全面的发展。写是对听和读的最好反馈,也是用英语思维的最好体现。我们通过让学生造句、翻译句子和语段、改写对话和课文等方法来训练学生用英语简单思维;通过让学生根据文字、图画、图表提示进行书面表达,让学生写英语日记等多种写的训练,不仅培养了学生综合运用英语的能力,也提高了用英语思维的能力。

(三)语篇教学是培养学生思维能力的主渠道

1.逻辑思维能力培养。逻辑推理活动是语篇阅读理解的核心,贯穿于阅读理解的全过程。无论是对句子、语段的理解,还是对文章进行深层次的分析都需要借助逻辑推理来完成。对逻辑推理的训练可以通过侧重对语言深层含义的把握来进行。教会学生如何从字里行间获取信息,推敲作者的写作意图和态度,让学生依据特定语境,在整体理解的基础上进行推理,得出语篇中不曾表达但又蕴含其中的意义。如教课文 At the conference 时可设问:What lesson should the organizer draw from the conference? 学生只有根据课文中的多个信息推理后才能回答。

另外,在整体理解、熟悉课文的基础上,以时间、地点、人物、事件为线索,或以问题、图示为提示,让学生进行整体复述及改写。这同样有助于培养学生思维和表达的逻辑性,有助于逻辑思维能力的培养。

2.创新思维能力培养。培养创新思维能力是培养学生英语思维能力的核心。语篇教学既是英语教学的手段也是培养学生创新思维的途径。新概念英语语篇阅读材料蕴含着丰富的创造性思维的因素和内容,我们可以从语篇的上下文、思路及部分与内在联系等几方面,积极挖掘创造性思维因素,达到训练学生创新思维能力的目的。

如教课文 The secret is out! 时,教师可以设计以下问题:What's your opinion towards Ms King's lying to the company? If you were the boss of Ms King，what would you do? What do you think we should do to improve women's rights and status? 从课文中找不到这些问题的现成答案,必须通过头脑的加工重新组织、发挥。

3.跨文化思维能力培养。中西方思维方式的差异造成的不同语言组织模式是中国学生理解英语文章的障碍之一。我们中国人比较侧重综合思维、形象思维,其思维方式属螺旋形,比较注重事物发展的过程和方式;而西方人偏重分析思维和逻辑思维,他们的思维方式属线性思维,注重因果效应,多考虑事物发展的结局和后果,其语言模式偏重事件发生的先后顺序,并依此组织设计段落情节,文章篇章结构层次感、独立性强。

例如,英语文章中大量使用诸如 and,but,or,so,if,when,while 等连接词语使文路清晰明了;而中文句子之间不像英文篇章有那么多连词,是靠语义的自然衔接、前后连贯、上下呼应来表达一个完整的意思。有时中国人作文章还常讲究"不言而喻",叫西方人摸不着头脑。如果我们的学生按照中文思维组织句子,又不会熟练地使用这些连接词,英美人读起来势必会有信息梗塞感,觉得生搬硬套、模糊不清。因此研究中西思维差异有利于培养学生书面表达能力、阅读理解能力和跨文化思维能力。

4.教师的自身素质提高是培养学生思维能力的关键。俗话说,名师出高徒。教师规范流利的英语、渊博的知识、深厚的英语文化底蕴,教学时的灵感发挥,能让学生感受到教师的智慧之美。学生置身其中,耳濡目染,就会潜移默化,学到老师的知识和思维方式。另外,教师驾驭课堂能力至关重要。教师应具有较强的亲和力,利用最优的教学设计,激发学生思维情绪,能让所有的学生不压抑自我,勇于表达,充满自信。把学生的思维方式纳入正常发展的轨道,不断提高他们的思维能力。

二、如何培养学生的英语思维能力

培养和发展学生的创新思维,首先应培养和发展学生的问题意识,进行问题教学,有了问题才会有解决问题的方法,才会找到独立思考的可能,才能发展学生自身创新能力。

作为初中英语教师,最重要的问题是:怎样让学生在英语课堂上把自己的思维能力发挥到最大限度,如果能做到这些,学生学习英语的积极性就会大大提高;作业批改对学生思维能力培养有很大的好处,教师如果能灵活运用各种不同的评语来评价学生的作业,往往能够激发学生强烈的求知欲,使教学工作取得事半功倍的成效。

(一)作业批改必须与培养学生创新思维紧密结合在一起

创新思维这种求异思维的冲动与能力,可以说是与生俱来的,是人生下来能够适应各种环境的天然保障。它与人的智力水平并没有简单的正比例关系,而是更多地与文化习惯、教育影响相关联的。要培养和发展学生的创新思维,首先应培养和发展学生的问题意识,进行问题教学,有了问题才会有解决问题的方法,才会找到独立思考的可能,才能发展学生自身创新能力。爱因斯坦小时候老师曾叫他做一条小板凳,第二天他交上一条非常难看的板凳,他的老师说他从来没见过这么难看的板凳。爱因斯坦认真地说,"不,我的第一条板凳更难看呢。"接着他从身后拿出他的第一条板凳。爱因斯坦正是靠这种勇于创新、永不气馁的精神,不断地在科学领域中创新和拼搏。科学家并不都是天才,他们所具备的是一种超越常人的执著和创新。如果没有创新思维,人类就没有今天的高度发展与繁荣。弓箭的发明,印刷术的改进,计算机的应用,等等,人类历史的每一步发展与变革,无不凝聚了一代代人的创新思维。

(二)要把作业批改与创新思维两者有机地结合在一起

单一呆板的作业批改容易抹杀学生的学习兴趣,挫伤学习积极性,增长他们的惰性,难以培养学生独立思考的能力,进而不利于整个教学工作的进一步开展。在日常的教学过程中,教师通过多方面尝试,努力与培养学生创新思维相结合,采取精批、选批、面批、学生互批等多种批改手段,且注上不同的评语,在教学上会取得极大的成功。

1.精批

教师逐本批改,全面掌握学生学习情况,发现普遍性问题,采取及时的弥补措施。采用师生共同约定的批改符号对所存在的问题进行质疑和提问。如属单词拼写错误,通过对错词画圈;属惯用法错误,通过对句式、短语下画"～～～～～～?";语法错误标注"＿＿＿＿ T";数的错误标注"＿＿＿＿ N";而"＿＿＿＿"往往表示解题的关键所在。符号的设置能够使学生对所存在的错误一目了然,从而引发学生对所做的作业进行重新思考,有利于知识的巩固与加深。

作业批改不应只局限于找错误和对错误的质疑,对于正确的答题也可以促使学生进行扩散性思维。如:"She is good at maths." "Jim learns English by himself ."在下划线部分注解"another way of saying"等可以引发学生深度思考,使知识得以升华。

通过精批,教师能够全面了解学生学习情况,但需要教师付出大量的劳动,从而没有充裕的时间去钻研教材和教法,不利于教学工作的进一步开展。因此在日常教学过程中教师也可以采取选批方式。选批既可以抽改部分学生作业(包括好、中、差不同层次的作业),也可以就某次作业中部分典型题目进行选批,对作业中的错误进行批注、设疑。选批有利于提高批改速度和增加批改的针对性,对创新思维的培养也有较强的指导性。

2.面批

面批是教师与学生面对面地交流,通过对学生的提问,引导学生在已有知识和经验基础上,通过独立思考去获取知识、巩固知识或检查知识,它能激发学生的思维活动,调动学习积极性,不仅使获得的知识理解比较深刻,记忆比较持久,而且会使学生体会到老师对他的关心与爱护,从而树立起学好英语的自信心和自尊心,有利于下一步的教学需要。面批要注重采用启发性原则,所提问题要适合学生程度,不断地启发学生进行独立思考。孔子曾说:"不愤不启,不悱不发。"在批改过程中要使学生处于"愤"与"悱"的心理状态下,积极开展思维,认真探求知识。《学记》也提出"道而弗牵则和,强而弗抑则易,开而弗达则思",批改中做到"和易以思"就能达到良好的启发效果。

3.互批

学生互相批改也是培养学生创新思维的重要组成部分。相仿的学习经历,不同的思维方式,类似的学习程度都能促使学生在互相批改过程中,从不同侧面去创设问题,讨论问题,进而解决问题。批改过程中学生通过教师指导下的讨论,利用推测关系,应用自己的思维,对所学知识进行"再发现",从而形成对知识的较全面的认识。

教师无论采取哪一种批改方式,都必须写上一定的评语,这是各种批改方式不可缺少的一部分,是对学生作业的一种肯定和评价。教师应当认真对待学生作业评语的评定。尽可能多地运用各种不同的表达方式来体现,也应尽量避免重复出现同一种评语,以增加学生对批改的新鲜感,进而促使他们通过查字典、问教师等不同途径去寻找评语的真正意思。作业批改应以鼓励性为主。

如对质量优秀的作业,通常注以"Excellent""Wonderful""Very good""Fantastic"之类的评语;作业一般的也应以一分为二的观点指出优缺点。如:"Try your best"" Pay attention to the usage of pronoun""Please write carefully"" Your handwriting is wonderful,but try to reduce the mistakes"。另外,在评语旁边还可以写上一些有关学习方面的名人名言,不时地鞭策学生,往往能取得意想不到的效果。如:

A lazy youth,a lousy age.(少壮不努力,老大徒伤悲)

Constant dropping wears away a stone.(滴水穿石)

Failure is the mother of success.(失败乃成功之母)

Genius is one percent inspiration and ninety-nine percent perspiration.(天才等于百分之一的天赋加百分之九十九的勤奋)

总之,不同的作业批改方式都必须围绕培养学生的创新思维这一角度展开,促进他们去发现问题,提出问题,进而解决问题,培养他们独立思考的能力,真正体现素质教育的目的与内涵。第斯多惠说得好:"一个坏老师奉送真理,一个好老师则是教人发现真理。"我们教学要不断地启发学生,教会他们运用创新思维,大胆开拓,尽情在知识海洋中遨游。这样我们的教学目的就达到了。

三、在英语教学中培养学生的创新思维能力

近几年来,随着中学教学改革的不断深入,培养学生的创新思维能力已成为广大教师普遍关注的热点。如何培养学生的英语创新思维能力,使学生跃出教科书框架,学活书本,从而使学生变得更聪明,已成为我们教育工作者当今需要解决的重大问题。

那么,什么是创新思维呢?

所谓创新思维,是指人们运用已有知识和经验增长开拓新领域的思维能力,即在人们的思维领域中追求最佳、最新知识独创的思维。按爱因斯坦所说,"创新思维只是一种新颖而有价值的、非传统的、具有高度机动性和坚持性,而且能清楚地勾画和解决问题的思维能力"。创新思维不是天生就有的,它是通过人们的学习和实践而不断培养和发展起来的,在英语教学中如何有效地培养学生的创新思维呢? 应从以下几方面做起:

(一)合作互动,活化课文插图,拓展创新思维

新教材图文并茂,为学生学习英语提供了大量的信息,但是教材中的插图都是静态的,其内涵具有一定的内隐性。如果教师能设法让静态的插图"动起来",使用计算机辅助教学或幻灯片显示,那么课堂会大容

量,多信息,多趣味和高效率。为了拓展学生的思维,可以采取合作互动的方法,即在老师的指导下,让学生在合作中动手和动脑,进行表演,从而发挥每个人的长处,同学间相互弥补、借鉴、启发、点拨,形成立体的交互的思维网络。在合作制图中,教师鼓励学生发挥其创造性思维制作并组合插图部件,充分发挥学生内在的积极性和创造力。在制作插图时,要求:1.制作灵活。插图的再创既要忠实于教材的原有设计,又不能受其束缚,内容可以合理取舍或增删,要以服务于教材为宗旨。2.美育教育。画面之间比例要求协调,让学生在学习知识的同时,受到美的熏陶。3.广泛参与。让学生参与插图再创造既能减轻教师负担,又能培养学生的创新精神和实践能力。在课堂教学中,学生按教师指令摆放小拼图到指定位置,对学生进行大量的听说训练,有益于启发学生的思维和开发学生的智力。

如教到 We've lost our dad! 让学生在预习文章之后,分别勾画出四个人物 Dad,Tina,Max,a railway officer,一列火车,以及此火车在一小站分轨运行的画面。根据上述几幅画,在课堂教学开始时对文章进行介绍,老师就画面进行问答,自然地引入新课,使文章内容清楚明了地呈现在学生面前,激发了学生的兴趣,调动了他们的主观能动性。

(二)立足双基,精心设置学案,激发创新思维

众所周知,只有量达到一定的程度,才会有质的飞跃。学生学习英语也是如此。首先,他们要把书本上的基础知识学好,奠定知识基础,因为基础知识为思维能力的培养提供了可能和基础,即"知识提供的是思维的原始材料"。在英语教学中,立足于双基教学和训练,力求做到学生学有发展,学得活,学得透。1.要求学生在联系应用中学知识,要求充分理解而不是死记硬背。2.把掌握知识的重点放在思考力上,根据学生思考问题的方式和特点,通过各种渠道把知识结构铺垫成学生思维的方式,通过提问、启发和点拨,引导学生思维,鼓励学生多角度思考,在学习

知识的同时,训练思维方法,用思维方法指导知识学习。

学生掌握好基础知识,是与教师的指导分不开的。只有教会了学生科学的学习方法,学生的能力才会提高。由于学生在高中起始阶段的自学能力较差,备课组全体教师深入开展课题研究,改革课堂教学结构,促进学生主动学习习惯的巩固和自学能力的提高,变被动接受为主动探索,提高学生发现问题,分析问题,解决问题的创新能力。针对此课题,备课组全体成员一起协商,为学生精心设置学案,对每单元的课文阅读采取"自学""共学"和"练习"的方法。"自学",是指学生针对学案中的目标和要求进行预习,在预习过程中,要求学生完成猜词义、长难句分析、段落大意和全文中心思想的归纳,让学生理清文章的脉络,了解课文的重点和难点,发现问题。"共学",是指让学生在充分预习的基础上,教师在课堂上展开共同的学习研究活动,教师在关键处进行点拨,针对学生的疑难进行解答。在课堂整体教学上,学生"画龙",教师"点睛"。然后,在"自学"和"共学"的基础上让学生去"练",教师精选文中出现的重要字、词、句型,编成练习,让学生进行必要的巩固,使他们把学到的知识转化成能力。

实践证明,这样做,学生不是学少了,而是学多了,学活了,在教师指导学生自学时,教师结合目标教学,要求学生针对目标,做到读思相结合,激发了学生积极思考、发现问题、提出问题和解决问题的能力。课题的实施也无疑使学生自学英语的能力得以明显提高。

(三)课堂中巧设疑问,引导创新思维

在教学中,教师注意多角度、多方位地设计各种思考题,发展学生横向、类比、逆向、联想等思维,使学生不单单停留在理解和掌握所学的内容上,而且要利用现学的知识,结合已学知识去创造、去探索,培养他们的创新思维,增强创新能力。在课文教学时,采用多种思维训练法,培养学生的创新思维。根据教材的语言材料,设置疑点,引导学生对课文内容进行再加工,鼓励学生从不同方面,不同角度进行思维。

如教到 Dealing with waste 时,可在学生学习课文内容的基础上大胆提问:Why is rubbish such as "white pollution" becoming a serious problem in China? What can be done for environmental protection? Do you have any suggestions for reducing waste and controlling pollution? ……这样学生的思维插上了想象的翅膀,一个个展开联想,答案不一,众说纷纭。又如教到 Angkor Wat 时,教师让学生讨论:What can we know from the fact that people from different countries took part in the repair work? 同学们会回答:Because people from other countries are very friendly./Because the temple of Angkor Wat is a place of interest.If it is well repaired,people from other countries can go to visit it./Because the temple is the treasure of human beings...又如在考查学生语言运用能力时,力求让学生举一反三,培养多种思维能力,让学生正确判断不同变化的题型。如下面一个选择题:

1._____ many times,but he still couldn't understand it.

A.Although he had been told

B.Telling

C.Having been told

D.Being told

学生选出正确答案后,让他们把 but 去掉,再去进行思考和选择。

总之,只要教师在课堂上巧妙地适时设问,对学生进行多种思维训练,那么,学生的思维创造性便能得到充分发挥。

(四)不断改进教法,开发创新思维

随着现代教育的不断改革,开拓未来学生的教育,必须立足于精选的教材和科学的教法。要实现课堂教学的创造教育,教师只有千方百计地拓宽学生的知识面,用大量生动有趣的题材去刺激学生的好奇心理,才能刺激学生的创造思维。然而,激发学生的兴趣,提高课堂教学效率,要从改革教学方法入手。

1.创造性复述。复述的过程实际上就是用大脑思维的过程,它可以训练学生的各种思维能力。因此,教师在课文教学上让学生进行创造性的复述,学生在把握原文主题、故事发展的基础上进行大胆、合理的想象,对原文内容和形式进行加工、整理、归纳、改写后进行复述,这样做,能促进学生语言知识能力的迅速转化,有利于开发学生的智力,培养学生丰富的想象力,开发其创造性思维。创造性复述可分为三种:

(1)变更复述:让学生变换人称、时态、语态或文章体裁进行复述。

(2)续篇复述:根据故事可能发生的变化,利用原有知识发挥想象,讲述故事可能出现的结局,这种复述有利于培养学生的想象力和创造意识。如:The trick,让学生对 How could Bill manage to escape? 展开联想进行复述。

(3)概括性复述:根据材料所展示的内容进行分析、概括、推理,总结全文大意或段落大意。这是较高水平的复述,学生需要很强的归纳能力。如:The secret is out! 让学生针对 How is the secret out? 进行复述。

2.发挥性演讲。在上听说课时,尽可能地把课堂时间让给学生,让他们能够充分展现自己,争取说话的机会。如:Charlie Chaplin,在学生复述完课文后,我组织他们就 To be an actor(actress)/Not to be an actor(actress)进行辩论,学生的积极性很高,场面热烈,充分表现了他们的语言才能和思维想象能力,把学生的思维想象能力推向了一个新的高度。

综上所述,复述和演讲是一种培养学生各种语言运用能力,激发学生创造性思维的有效教学方法。因此,在教学中,教师应该合理运用、因材施教、根据学生的实际水平、不同层次,选用适当方法,灵活使用,使教学达到理想的效果。

(五)进行积极评价,鼓励创新思维

中学生是一个需要肯定、褒扬,需要体验成功喜悦刺激的群体。在课堂教学的创造教育中,教师的信任和鼓励能直接影响到学生求知欲的产生,能影响到学生创造意识的萌发和创造力的产生。在教学中,学生往往会产生一些稀奇古怪的非常离奇的想法,这时候,教师如果给以严厉的批评、指责、训斥,那么将会压抑学生那些朦胧的、零碎的、不成片段的思想,从而会阻碍学生创新思维的发展。课堂上,学生只有处于一种和谐宽松的关系、环境之中,才能激起主动的内部活动。这要求教师对学生的学习行为及学习结果、反应等作出积极的评价,鼓励学生的创新思维。在评价中,教师要注意客观、公正、热情、诚恳,使学生体验到评价的严肃性,注意发挥评价的鼓励作用。以鼓励为主,满足学生的成功需要,调动他们的积极性。

教师可以采取以下方式进行评价:1.鼓励性评价。鼓励学生"异想天开""标新立异";对于回答错误的同学,不马上说"No,you are wrong.",而是说"Please think it over."。对于作业中的错误,也不单单画"×"了事,而是在错误部分下面画线,并在旁边注上"?",示意学生再考虑考虑。2.分层次评价。对不同程度的学生,设以不同程度的要求,并分层次评价指导。对优秀学生,给予严格和高要求的评价;对差点儿的,给予肯定、鼓励的评价,增强他们的自信心,尊重他们的自尊心。

教师只有以信任和鼓励的态度来肯定学生的发现,尊重、理解、宽容地对待学生,满怀信心地相信他们会取得进步,同时注意给予积极性的评价,学生才能处于轻松、愉悦的教学环境中,他们的创造性思维才能得以发展,并最终使学生发展成为勇于思考、勇于创新的新时代的接班人。

四、在非母语教学环境下应如何培养学生的创新思维能力

培养创新意识是素质教育的要义之一。"创新是灵魂"。人才素质

教育的核心是培养创新能力。所谓创新,指的是人们在前人或个人已取得的成果的基础上又有创新思维活动。它是一种崭新的、超前的、科学的,能最大限度地开发人脑的智力活动。英语作为一门语言课,目的在于培养学生的交际能力。《新英语课程标准》明确指出:发展智力,提高思维、观察、注意、记忆、想象、联想等能力是中学英语教学的目的之一。英语教学大纲提出:着重培养为交际运用语言的能力。教师也应想方设法,创设情景,进行创新思维训练,提高交际能力。

中学生学习英语缺少语言环境,思维空间受到一定的限制。但是他们好奇心、求知欲强,记忆力好,又富于联想。这些正是创造思维的品质,也正是学习外语的优势。根据这一特点,要培养、提高学生的联想创新思维能力,必须开展形式多样的生动有趣的课堂教学。

(一)营造民主和谐的课堂气氛,提高学生创新思维能力

江泽民同志曾说过:"每一学校,都要爱护和培养学生的好奇心、求知欲,帮助学生自主学习、独立思考,保护学生的探索精神、创新思维,营造崇尚真知、追求真理的氛围,为学生天赋和潜能的充分开发创造一种宽松的环境。"这一句话说明了创新人才的培养需要学校为之创设一个民主和谐的育人环境。而课堂教学要培养和提高学生的创新思维能力则更需如此。民主和谐的课堂教学气氛,有助于调动和提高学生学习的主动性与积极性,活跃学生的思维,发挥想象空间,认真思考,从而培养和提高了学生的创新思维能力。试想,如果教师在教学时,绷着脸孔,不苟言笑,教室的气氛必会趋向紧张严肃,而师生之间的压抑感也会油然而生,学生不敢表达自己的想法,培养和提高学生的创新思维能力更是无从谈起。相反,教师教学时态度和蔼可亲、幽默风趣,学生上课就会如沐春风,敢于表达,两者相互激荡,甚至撞出创新的火花。敢想、敢问、敢做,充分调动学生参与课堂教学活动的积极性,创造性。

(二)建立良好的师生关系,激活创新潜能

教育心理学告诉我们,融洽的师生关系直接影响着学生的学习情绪,师生心理相容能提高教学效果。心理学研究成果表明,学生喜欢在轻松愉快、无忧无虑的情境中学习,情绪越好,学习效果越佳。学生喜欢这位教师,就相信教师讲授的道理,愿意学习教师讲授的知识,自然就对教师讲的课表现浓厚的兴趣,所谓"亲其师,信其道"。学生如果不喜欢,甚至害怕这位教师,此时要想学生对这位教师所讲的课程感兴趣,是很困难的。可见,激发学生的学习兴趣,必须在教学中培养学生对教师的亲切感,因此教师在教学中既要有严谨的教学态度,又要有充分的情感和思想交流,要充分尊重学生的兴趣爱好、人格,以民主的态度来对待学生,允许学生质疑、发表与教材和任课教师不同的见解和观点,要引导鼓励学生展开想象的翅膀。

(三)巧妙设疑,培养创新思维能力

古人云"学贵有疑";"小疑则小进,大疑则大进"。

兴趣是学习的动力,是最好的老师,是学好功课的重要前提。学生有了兴趣,才能激发进取的欲望,引起思考和探索。从心理学角度讲,学习兴趣是学习动机的主要心理因素,它推动学生去探求知识并带有情感体验的色彩,随着这种情感体验的深化,学生就会产生强烈的求知欲。从实际情况看,学生对哪门课感兴趣,便会对该门课产生强烈的学习动机,并萌发积极的思维意识。那么怎样才能激发学生学习的兴趣呢?在教学中,科学地处理教材,善于发现突破口、找准聚集点,并根据教学内容设置适当的问题,以便最大限度地激发学生的好奇心,使之对即将学习的内容产生浓厚兴趣,从而提高其创新思维能力。

例如:在教与外星人和 UFO 有关的内容前,问学生:Have you been to the space? 话音刚落,同学们就迫不及待地讨论起来,有的甚至举手介

绍自己对太空的了解。

(四)运用实物教学,促进创新思维

学语言的人都认为,如果在讲英语的国家生活和学习,那我们的英语水平肯定会提高很快。学语言的最佳途径是置身于语言环境中。教师用英语讲课,充分利用直观教学,借助实物,与学生进行交谈,促使学生学习英语兴趣浓,积极性高。例如:在教 GO FOR IT! 时指着钢笔、铅笔、小刀问,What's this/that in English? It's a pen/a pencil/a knife. 教复数名词时,也尽量用复数名词回答。What are these/those? They are...同时还可用 touch and guess 把物品放在包里,让学生摸一摸、猜一猜,培养学生的想象力。又如:在教方位介词时,在教室桌上等地放置物品让学生回答。在教介词 on,under,behind,near 时,把小椅子放在桌上,在椅子上放书,椅子背上放书包,在椅子附近放铅笔盒。用 Where's the pen/the book/the schoolbag/the pencil case? It's on/under/behind/near the chair. 用同样的方法还可以训练反义的介词,如 on 和 under,near 和 far,behind 和 front 对学生进行逆向思维训练,达到创新思维的目的。

对于语言学习,教师需要创造一个特定的学习环境;学生在一个特定的情境中,学习特定的语言。坚持每节课用英语来进行教学,并且经常用幻灯、录像、音乐、图画多种手段进行教学,创造一个优美的语言学习环境,激发学生的求知欲和学习英语的兴趣,有利于学生的创新思维的开发。

如在教比较级时,首先制作特征对比比较鲜明的幻灯片,在课堂上播放,如:"Li Lei is fat,but Li Ming is fatter."同时出现李雪和李明的图片,这种逼真的画面,有如身临其境的感觉,学生们被这些画面所吸引和感染,学习的积极性提高,整节课都会全神贯注。

（五）创设激情情境，唤起创新意识

皮亚杰说过："所有智力方面的工作都要依赖于兴趣。"兴趣是主观世界的一种现象，是人们力求认识、探索某事物的心理倾向，是人的非智力因素的重要组成部分，更是学习和活动的动力。如果学生对英语有了浓厚的兴趣，那么，他就会展开思维的翅膀，积极主动、顽强执著地去思索创新。

英语课的组织形式多种多样，如：猜谜、传令、游戏活动、英语歌曲演唱、表演小品、小竞赛等等。这些活动既符合初中生的心理特点，又能体现学生的主体地位，在活动中他们能积极参与，这样既激发了他们的兴趣，又培养了他们的创新思维能力。

人的情感总是在一定的情境、一定的场合下产生的。对于语言学习者更需要教师创造一个特定的能使学生产生共鸣的学习环境，让学生在特定的情境下学习特定的语言。英语课应开展不同的活动，为学生创设较为直观的情境，创造良好的氛围，激发学生的求知欲和更浓的兴趣，使他们一个个精神饱满、兴趣盎然、主动交流，有利于他们创造思维的开发。活动中知识被化枯燥为有趣，变静态为动态，唤起学生的创新意识，从而调动学生学习的积极性和主动性。以下两种做法可供参考：

1.新教材中有大量的插图，配合对话。有时教师可用插图作为突破口，根据插图，设计教案，配上简笔画来启发学生的多向思维。

例如：在教 There be...句型时，教师在黑板上画上公园的场景，在天空中画上风筝、鸟、飞机，在陆地上画上山、水，孩子们在玩的场景。然后教师问，What's in the picture? 学生回答 There are some birds/some kites/some planes/some hills/some children. What other things are in the picture? There is/are...让学生大胆地多角度想象，激发学生多向思维。

2.设置情境让学生采访。

例如:在教授关于 The profile of Yao Ming,a great Chinese basket-ball player 内容时,教师叫了一名学生上讲台扮演姚明,其他学生扮演记者,根据课文内容来采访姚明。有的同学就联想到文章中没有涉及到的内容来提问,如:How old is your daughter? Are you happy? 有同学提出这样的问题,课堂学习气氛达到了高潮,同学们对这些问题都很感兴趣,大家哄堂大笑,课堂上再没有人能睡得着了。这大大地激发了学生学英语的兴趣,也很好地培养了他们的创造性思维能力。

(六)走进生活,激励创新思维

学生创新性思维的训练,不仅仅在课堂上,而且在课外都可进行。教育家陶行知说:"处处是创造天地,天天是创造之时,人人是创造之人。"教师要引导学生开展丰富多彩的课外活动,提供尽可能多的创新思维训练机会,如参加"英语角"等。也可开展一些有趣味的交谈,主题如:看电影、去医院看病、去车站等情景,为学生提供口语训练机会,使学生的创新思维训练得到锻炼和提高。英语课外活动形式很多,它不受时间、地点、方式等限制,比课堂教学更有灵活性。指导方法得当,将会收到巩固课内学习知识,扩大视野,提高应对能力的效果。

(七)结合时事,培养创新思维能力

例如在教介绍杨利伟的一篇课文时,碰巧前一天晚上杨利伟夫妇在电视台做访谈嘉宾,于是教师抓住这个契机,提出了这样一个问题:Did you see Yang Liwei yesterday evening? 学生对这个热点问题兴趣浓厚,纷纷发表观点。有同学说:"Yang is very handsome and athletic, his wife is beautiful. He loves his wife and kid very much." 作为老师,对大胆发言者总是积极鼓励的。这样的教学不但课堂气氛活跃,而且还培养了学生善于联想的思维习惯。

(八)激发想象力,发展学生的创新思维

英国诗人雪莱说过:"想象是创造力",爱因斯坦也认为"想象力比知识更重要。因为知识是有限的,而想象力包含着世界上的一切,推动着进步,并且是知识进步的源泉。"想象是人们进行各种创造实践活动的心理条件,全部的创造性思维都离不开想象。培养想象力不仅对发展创造力有价值而且对思维的发展也很有意义。

想象是创造的源泉,没有想象就没有创造。要培养思维的独创性,就要培养学生的想象力。心理学研究表明,想象是一种可贵的心理品质,是创造的基础。创新思维的培养,离不开想象。

在英语课上教师让学生根据图画或提供的情境自编小品,学生在设计小品中充分发挥他们的想象力,这也使他们的创新思维得到锻炼;有时改编一些熟悉的歌曲的歌词,再进行演唱。例如:"两只老虎"是一首学生十分熟悉的儿歌,可以在教学中把所学的语言知识改编成这首歌曲。如:What would you like? What would you like? I'd like a pear. I'd like a pear. Would you like an apple? Would you like an apple? Yes, please. Yes, please. 久而久之,学生也能改编一些歌曲。如:一个学生把 Let your kite fly high 改成 Ride, ride, ride your bike, slowly on the road. Carefully, carefully, carefully, life is happy. 这样的活动可以激发学生丰富的想象力。想象使学生进入所学情景之中,又超越了教材本身,其思维呈现了多元态势,创造性思维得到了体现。

(九)发展个性,培养创造性人格

创造能力与个性发展密切相关。培养学生的创造性思维,也要培养学生的创造性人格,这是因为创造不仅受认知因素的影响,而且还受到个性的巨大影响。大量的研究表明,凡是具有高度创造性的人,在早期的学习、实践中,具有独立分析问题和解决问题的习惯。反之,则没有什

么创新的表现。因此,作为教育工作者,在课堂上注重培养学生的自信心和勇气,培养学生的创新意识和思维习惯是非常重要的。

学生是由各个不同的个体组成的,不同的学生有不同的个性。英语课可以有各种各样的组织形式,可以满足不同个性的学生的需要。如:较内向的学生在歌曲演唱、英语贺卡制作、书法竞赛活动中就能得到发挥,而活泼好动的学生则能在小品表演、游戏等活动中发挥特长。活动课上,教师所起的作用是指导,根据学生的个性特点分配他们充当不同的角色,甚至可以让他们改台词、编剧本,充分发挥他们的特长。在这些活动中,学生能展开自主联想的翅膀,发挥他们的个性专长。

(十)合作互动,拓展创新思维

让学生在合作互动中动手、动脑,合作表演,从而发挥每个人的长处,同学间互相弥补、借鉴、启发、点拨,形成立体的交叉的思维网络。而每个学生在合作中动手和动脑,更是发展其创造力的有效方法。

英语课上,可以让学生根据教材内容改编成自己的对话。

如:在教学 What would you like? I'd like... Would you like...等句型后,把学生分成几个小组,让他们根据这一句型自编小品,学生在交流、讨论后,编成的对话各式各样,有的在课文的基础上多加上 I'm hungry/thirsty.有的把对话改成在家里请客,Welcome to my home. Come in and sit down! Would you like something to drink? 等。

在合作中学生之间相互启发,相互讨论、学习,思维由集中而发散,又由发散而集中,个人的思维在集体的智慧中得到发展。

(十一)积极评价,鼓励创新思维

课堂上,学生只有处于一种和谐宽松的关系、环境之中,才能激起主动的内部活动。这要求教师对学生的学习行为及学习结果、反映等作出积极的评价,鼓励学生的创新思维。

如:在教授 dis-的派生词时,把全班同学分成 4 组,每组选一名同学到黑板前面记录,其他同学说出以 dis-前缀开始的派生词,在规定的时间内,哪组同学说出的派生词最多,扣除相应的错误单词,得分最高,哪组就为获胜组。在这个竞赛中,有的学生可能会通过联想,创造性地说出一些平时没有学过的单词,如:dishonest, disappear, disinformation, dislike, dishearten, disgrace 等等。这时,教师给予学生肯定、表扬,他们会有一种成就感和自豪感。这样,学生的思维也活跃起来了。

托尔斯泰说过:"成功的教学需要的不是强制,而是激发学生的学习兴趣和创新思维。"只要解放思想,更新观念,勇于探索,教学一定会感动学生,受到学生由衷的欢迎,成功地收获到丰硕的创新之果。

五、如何综合运用体态语、脑海图像和身体感受提高英语学习能力

体态语又叫肢体语,包括面部表情、手势语、休语等,是各种身体动作所传达的一切非言语信息。人们说话时常伴以手势、身体运动,辅助表达,传递信息。当说到数量时,我们常伸手指表示;说到某物大小,常用两手或两臂之间的空间示意;如果说某物的形状如圆盘状,我们通常做圆形的手势。招呼远处的人过来,除了用语言喊"喂!你过来"之外,我们常举起手臂,向自己的方向挥动。回答别人的问路"向前走,向右拐"我们不难想象手势语的"指挥"。说"在那边"时,如没有伴随的手势语就无法说明"在哪边"。与聋哑人的交谈,双方手势、体态语的明显增多,也佐证了体态语的助讲者表达、助听者理解的功用。

脑海图像或叫心像,是客体在人脑中的映射。包括实物图、象征(指代)图、抽象词的联想图等。人们在表述时,脑海中会呈现与话题相关的图像。这些脑海图像能帮助人们细致描述表达。在听到或读到别人描述时,话语文字又会转换成脑海图像,帮助理解。读到人物描述如:"身长九尺,髯长二尺,丹凤眼,卧蚕眉,面如重枣,声如巨钟",脑海中也在据

此描绘人物肖像。读到状景的如:"大漠孤烟直,长河落日圆"。脑海中必如图画一般,寥寥几笔勾勒,即将一幅壮观的大漠景象呈现眼前,历历在目,好像自己在登高远眺一样。"栩栩如生""惟妙惟肖""绘声绘色"这些词语都说明描述生动逼真,用语言绘出一幅图像,使听者如临其境、如见其人。

情感是指交流者在表述或听到表述时,身体各感官所做出的喜、怒、悲、恐等各种反应。各种情感都完全融入于体态语言中,用言语表述传达。言语文字又能激活这些身体感受。如"高兴得手舞足蹈"说者听者都能体会到那种激动与快乐。如果说生气"当时把我气得恨不得踢他一脚",讲者就体内充盈着怒气与力量,可能双拳紧握,咬牙切齿,甚至伸脚做踢的动作。

体态语、脑海图像和身体感受与语言是紧密相连难以分割的,在表达与理解的功用上又相互促进。语言表述的同时,身体会做出相应的反应,心中会呈现图像,而体态语、心中图像和身体感受又会帮助人们表达或理解。在语言学习过程中,若借助体态语、脑海图像和身体感受,则能帮助我们消化记忆所学内容,帮助我们用目标语思维,减少母语干扰。

下面以一篇短文为例,说明如何综合运用体态语、脑海图像和身体感受,生动形象地提高学习效率。

When George was thirty-five, he bought a small plane and learned to fly it. He soon became very good and made his plane do all kinds of tricks.

George had a friend. His name was Mark. One day George offered to take Mark up in his plane. Mark thought, "I've traveled in a big plane several times, but I've never been in a small one, so I'll go."

They went up, and George flew around for half an hour and did all kinds of tricks in the air.

When they came down again, Mark was very glad to be back safely, and he said to his friend in a shaking voice, " Well, George, thank you very much for those two trips in your plane."

George was very surprised and said, "Two trips?"

"Yes, my first and my last," answered Mark.

对于具体的物质名词,如 plane,car,water,book 等,说到该词的同时脑海中要想象该物,浮现该物的图像,而不是其中文名称。同时伴以手势表明形状大小等。对于意义较为抽象的名词,如 voice,difficulty,success 等,只需大脑中想到该词的意思,重读该词。还可用象征指代等方法,如用红心形代指爱情,用艾菲尔铁塔这种标志性建筑代指巴黎或法国。

对于动词 fly,drive,stop,think,answer 等,大部分都可用身体动作或手势来表达。Stop 可用球赛上叫停的手语;stop a car 可用交通警察的指挥手势语,或用叫出租车的手势。Fly a plane 模拟开车动作也可,只是此时脑中图像与身体感受都须是开飞机。噪音的 shaking 准确模拟较难,也可代之以手的"抖动"。说到 think 时,手指指大脑。说 answer 时手指指向嘴。

对于数词,只需简单地用手指表达基本数字就行了。如 He was 35 用三五表示即可,350 也用同样手势,只是大脑中浮现或强调的词 hundred 和 fifty,而不再是 thirty 和 five。

代词 this,that,介词如 in,to,副词 up,down 都可以放在词组中,in (the air),(said) to,(went)up,(came) down 用手势把它们表示出来。

对于表示大小形状方向的形容词,如 small,round,east 等可用手势模拟指示,如 big plane 可张开双臂,双掌相对表示很大,当然,这并不意味着实际尺寸,只是象征意义。这在体态语里是很清楚易懂的,不会有什么误解。

对于表示情绪感受的形容词,如 glad,surprised,excited 以及副词 happily,surprisedly 等,在说到该词时,身体要有该词表达的那种感受。这样,对这个词的理解学习,就连同身体感受一起,被大脑记忆,身体的感受反应成了词义的一部分。等下一次碰到该词,身体的反应会帮助你回忆其词义。

对于表示颜色的形容词,我们很难(也没必要)用动作表示,只需脑海中要浮现该种颜色,再伴以强调手势,心中默想就是这种颜色。如 red 一词,脑中浮现红色,同时读出 red。"yes,red"好像通过脑图手势,加深了理解,透彻领悟了一样。

对于形容词 difficult,late,quick 和副词 safely,slowly 等不易用体态语表达的词,只需重读该词,大脑中想象这个意义就行了。比如,difficult problem 脑中想的应是我怎么也解决不了。"I've tried many times,but I still can't figure it out. It's beyond my ability."若是 He came to school late this morning.大脑中可以想,学校 8 点开始上课,他 8 点多才到,He was late for school.

心中答问

心中答问,就是在表述过程中,像是在不断地回答问题:who,what,when,where,why 等。

例如:We stopped our car in front of the shop.在说完 we 之后想 What did we/you do? 回答 We stopped our car.然后问 Where did we/you stop your car? 然后答 In front of the shop.

我们强调心中答问,设想听者在问你问题,你在回答或者在自问自答,而问题不需要也不能用语言说出,否则就干扰了思路和语流。像是在回答不同的问题,能使我们按一定逻辑或情景发展的顺序,集中精力于表述,保持清晰的思路、流畅的语流。因为这样就很自然地重读了关键词,突出强调了交流的重要信息,加深了对方理解。

词语重读

为什么要重读?重读即强调。通过重读你就提醒听者"是这个词而不是另外词"。如 red car 重读 red 时,大脑中呈现该颜色,就像是在强调是 red 而不是 black 等其他颜色。重读 car 时大脑中呈现 car 的图像,是 car 而不是 bus 或 truck 等。通过重读你回答了想象中自己或听众的问题。"Oh, yeah. It's a red car!",引导了清晰的思路,沟通了说者与听者。通过重读,在你的想象中把该词的图像展现给了听者,而把听者注意力集中到此图像,听者也容易因此理解讲者意图。

六、养成英语思维的方式

(一)英语思维方式的培养应该从模仿开始

"学习语言的主要手段是模仿,这种模仿是从听觉定向活动开始的,经过大脑分析器的作用,然后由心理活动器官的操练而完成的。"心理语言学家认为,语言是从听开始的,当一个婴儿生下来就学说话时,完全是靠听,模仿(imitate)母亲的声音。如果一个婴儿生下来就是一个聋子,他就听不到声音,也谈不上什么成功的模仿者。

一个不足 10 岁的儿童,如果他一直生活在第一语言环境中,他就能学到一种漂亮的母语。如果想学好外语,必须下大功夫模仿,采取多种方式,利用一切机会进行模仿。埃克斯利说过,"毫无疑问,模仿是成功的钥匙,也许是把金钥匙。(There is no doubt that imitation is one of the keys, perhaps the golden key, to success.)"有人认为模仿很简单,好学,其实不然。养成一个好的模仿习惯并不容易,这种模仿只有像学母语那样,方可学好。不下功夫,以为轻而易举可以模仿好外语语音是不可能的。

因此,要想学好外语就要在模仿上下功夫,因为外语语言能否学好,在很大程度上取决于听准外语老师发音的能力和学习者的模仿能力以及反复模仿的耐心。如果跟着外语老师念一遍,过后一劳永逸,那是学不好外语的。所以,一定要持之以恒地模仿、重复、练习。"听别人怎样说,就照样跟着说。"这是学习语言的必由之路。

(二)英语思维方式的培养应该培养自己摆脱母语的影响,用英语想英语

用英语想英语,指的是在使用英语时用英语想(think in English),而不是用本族语想。用英语想,也可以说成用英语思考。学英语而不学用英语思考,一定学不好。用英语思考,就是在使用英语进行表达和理解时,没有本族语思考的介入,没有"心译"的介入,或者说本族语思考的介入被压缩到了极不明显的程度,自己也感觉不到"心译"的负担。这才是真正流利、熟练的境界和标志。

用英语思考并不神秘,也非高不可攀。初学时,"心译"的介入很明显,但时间一长,反复运用的次数越来越多,"心译"的程度就会越来越小,以至接近于消失。可见,培养英语思考的基本途径是系统的大量的反复使用,实践练习。语言是工具。使用任何工具都有一个从不熟练到熟练的过程,在不熟练的阶段,多余的动作很明显,总要一边做一边考虑。初学者使用外语时,"心译"就是这种多余的活动,是一边用一边考虑的表现。这里所说的考虑实际上是在大脑里进行的对将要表现出来的外部活动的一种检验。用本族语交际时,也有考虑考虑再说的情况,可以说是在心里把原来要说的话转成或翻译为另外一些说法进行掂量。但由于习以为常,所以不会给人造成负担和精神紧张。而在用英语交际时,由于怕错,所以想了又想,而由于英语不熟,词汇不多,所以就求助于本族语,产生"心译"。因此,培养用英语思考,消除"心译",主要消除学生怕错的紧张心理。

学习英语、使用英语都要用思想。思想要有逻辑性。逻辑指思维的规律性。思想的逻辑性、条理性在很大程度上取决于人的大脑对客观事物反映的系统性和所掌握语言的系统程度。语言问题与逻辑问题是密切联系的。学生使用英语进行表达或理解别人用英语表达的思想时,所遇到的困难虽然表现为语言上的困难,但实质上有相当一部分,或在相当程度上乃是逻辑上的困难。表达不好,常常是思路不清;理解不好,则常常是推理能力差。因此,为了培养用英语思考,就要加强英语练习的逻辑性,注意按照英语所反映的客观事物的多种联系,从性质、属性、层次、因果等各方面的关系,对练习的形式和内容进行组织,训练学生成套地表达和理解,形成以英语为外壳的思维定式,相应的英语材料则以连锁反应的方式在大脑里源源不断地涌现。

摆脱母语影响的教育,用英语想英语应表现课堂上的每一分钟。

1.营造良好的思维环境,激活学生学习思维

(1)融洽师生关系,激发学生用英语思考的兴趣。

(2)培养学生的独立学习能力,让他们有更多的用英语想英语、独立思维的时间和空间。

(3)给予成功的机会,增强学习情趣,激发用英语思维。

2.创造生动的语言氛围,提高学生的学习积极性

(1)用英语授课,坚持用英语和学生交流,给学生创造语言环境,挖掘教材本身的情趣,科学有效地利用并采用灵活多样的方式,以活跃课堂气氛,激起学生内在学习动力。

(2)运用学习规律,调动学习兴趣。利用学生已有的知识引出新知识,以旧带新、由浅入深、由易到难,多启发、少说教,使语言操练和实践达到最佳效果。

（3）加强语言实践，保持学习兴趣。教师可利用实物、卡片、挂图、录音机、投影仪及多媒体电脑等多种视听手段，把真实的方式带进课堂，丰富英语教学，为学生提供各种练习环境，使学生有身临其境之感，训练学生的英语思维，减少汉语媒介的中间环节，加深学生对英语语言的认识，提高自觉运用语言的能力。

摆脱母语影响，用英语想英语还应表现在把它延伸到课下的课余活动中去。

1.办英语墙报，每个班级应定期出墙报。

2.设立英语图书角。

3.设立校园英语电台，创设新闻联播、英文歌曲欣赏、娱乐动态等节目。

4.设立丰富多彩的课外活动，如英语晚会、英语报告会、收看英语影视、英语学习作业展览、英语短剧表演等。

思维方式的培养并非易事，因为你是在母语大环境的影响下，要改变学生的思维方式，你就要营造一个英语的语言环境，在好的外语环境中，外语思考就容易实现。

（三）英语思维方式的形成应培养学生的英语语感

语感(Sense of language)是人们对语言的直接感觉，是系统综合的语言感知力，是直接、敏锐的语言领悟力。而英语语感是语言的发展开始走向成熟期的一种心理现象，是对语言的语音、语义、语法、语气等综合运用所自然产生的激活效应，是对语言熟练掌握而自然生成的、不假思考的语言敏悟性。语感是一种十分抽象的东西，只有当你有了一定的阅读量之后，你才能产生语感，你才知道哪个词该重读，哪个词该轻读，哪几个词为一个意群。语感的产生是英语思维方式的开始。

西方著名的语言学家和心理学家乔姆斯基认为语感是语言学习的核心,语感越强就越能创造性地学习和使用语言。通过大量的语言信息的刺激就可以逐步获得语感。

语感培养的方法主要是多听、多看、多背诵。

所谓多听,就是要认真听老师的英语讲述,尽快听懂课堂用语和日常交际用语。要多听课文录音和听力材料。要多进行听写测试。多听英美人的讲话,多听真实语言材料,如天气预报、广播、对话、广告等。因为真实语言环境里面的英语语速正常,具有明显的口语发音特征,如连读、弱读、缩略等,而且社会交际中的语言常常是自然而然地抑扬顿挫,富有情感,通过听口语化的语言材料可以使自己沉浸在真实的英语语言环境中。大量的听力训练及跟读、跟唱模仿可以缩短自身的语言与所听到的地道英语之间的距离。从而有利于讲出自然、流畅的英语。

所谓多看,就是多看英美人写的文章,特别要注意那些句子中所有的单词你都认识,但就是理解不了这个句子的意思的句子。这些句子之所以理解不了,一是因为对句子理解不透,对某个词你只理解它其中的一种解释,而不知它在句子中还有别的解释。如 cell 一词在医学上的解释为"细胞",在物理学上的解释为"电池",在通信工程中的解释为"手机"。一个词在不同行业中有不同的解释。二是因为文化和语言习惯上的差异。经常性的阅读,尤其是英语原文,原汁原味,手不释卷,语感也来了。

所谓背诵,是一种强化与集中的语言信息的刺激行为,它通过对语言材料进行反复朗读、理解到思维加工形成记忆获得大量的语言、词语、语法和语用等信息的输入,使学生逐渐提高对英语思维形式的感受能力,形成良好的语感,有效克服来自母语的干扰。实践证明,一个大量诵读英语文章的学生,即使对句子不作语法分析,在解决单选、完形填空、短文改错等题型时,准确率也往往是挺高的。熟能生巧,语感正是他们准确捕捉信息的巧妙感受的体现,这种特殊感觉正来源于阅读和背诵的积累。

用英语思维是许多英语学习者都希望达到的一种境界,因为这是用英语流畅地表达思想的基础。中西文化差异很大,英语和汉语的表达方式也不同。对于一个生活在非英语环境中的中国学生来说,要做到部分或全部用英文来思考确有很大难度,但也不是可望而不可即。要尽量了解英语国家的文化背景知识,养成用英语而不是汉语的思维来理解英语。

第三节　如何培养学生的英语思维能力和语言运用能力

语言作为一门交流工具来教,较过去的外语教学理念来讲是一种进步,但在英语教学中,我们经常会遇到这样的情况,在表达"我很喜欢他。他很幽默"时,学生常常误说成:"I very like him. He is very humorous."(正确的表达应是"I like him very much. He has a good sense of humor."),其原因是受汉语思维方式的影响,说的是中国式的英语(Chinese English)。所以在教学过程中应有意识地进行思维能力的培养。因此,在当今以培养学生运用英语进行交际为最终目的的外语教学中,使学生具备用英语进行思维的能力极其重要,即在使用英语进行理解和表达时,用英语想,而没有母语的介入,或者说母语的介入被降到极不明显的程度,尽可能地为学生创造英语环境。

一、在课堂上创造英语环境来培养学生英语思维能力

一个不处在英语氛围中的人是很难培养他的英语思维能力的,除非他整天跟老外呆在一起。我们的现实条件只允许我们中学的英语教学只能在中国的课堂里进行,而且大部分学校是在没有外教参与的情况下

进行教学的,所以英语老师在引导学生的英语思维中起了很重要的作用。在新课程理念下的英语教学,英语老师要改变以往陈旧的教学观念——高考考什么就教什么。教学方法应该根据新课标的要求灵活多变,而且要为学生创造英语学习的环境。这样在教学过程中才能开发学生的英语思维能力。英语老师本身更需要练就一口流利的英语,这不仅是教学的需要,而且能给学生树立良好的榜样,用自己的语言优势来吸引学生,使他们对英语口语感兴趣。在课堂上教师尽可能地用英语组织教学,利用学生学过的,或还没有学过但学生能听懂的英语词语和句子来进行教学,必要的时候可以采用身势语、简笔画、图片等进行辅助教学,尽量避免母语的介入,使英语和事物进行直接的联系,使学生直接以英语的思维直接接受语言知识,从而逐渐形成英语思维能力。所以教师也要不断地学习提升,把自己的英语思维能力无形中传授给自己的学生。

二、增强词汇教学的灵活性能,增强学生的英语思维能力

新课程标准规定,中学生在高中毕业是应掌握 3500 至 4000 个英语单词。靠死记硬背和机械记忆是难以达到以上的要求的。以往的教学模式就是教师直接教授词汇的用法、搭配、辨义等。在这种模式下,学生的英语思维不能得到真正的开发,师生之间没有互动,课堂气氛沉闷,教学效果不佳。教师应该以各种灵活的方式对学生进行词汇教学以提高学生的英语思维能力。

(一)通过用英语解释英语的方式学习词汇。在上词汇课的过程中,可以叫一部分学生站到讲台上用英语解释词汇,然后让另一些学生来猜他们所讲的词汇是什么。同时教师在教学的过程中如果遇到一些词义辨析的题目,用母语不能使学生清楚理解的情况下可以用英语解释。如 in case that: worry that something possible is going to happen; for fear that：worry that something bad is going to happen.这样解释的话学生就能清晰地明白这两个词组的区别。

(二)通过判断和猜测的方法学习词汇。在英语阅读中学生经常遇到一些不认识的词汇,这时教师应引导学生根据文章的上下文语境进行猜测判断,而不是直接把这个词的意义告诉给学生,从而使学生在这篇英语文章中猜出其含义,这种方法无形中培养了他们的英语思维能力。

例如:I went online to check if my pay was in my bank account. To my amazement I discovered that not only had I been paid, a company I'd never worked for had also paid me! I know I'd have been beside myself if my own salary was not in my account, so I tried to get the money back to the right person. Easier said than done.

The underlined phrase "beside myself" probably means _____.

A. very fortunate   B. very angry   C. really thankful   D. at ease

很显然根据画线部分的前面所描述的英文句子可以猜出答案应是B,不必直接认识这个词组的中文意思就能选出答案。

(三)鼓励学生用联想的方法学习词汇。以一个词为中心要求学生说出跟该词相关的词和词组。例如,单词 sports 的意思是"运动",那么跟运动相关的词汇就有很多了。

如 gym, football, basketball, relay race, long jump, starting line 等;又如单词 view 的意思是风景,那么可以联想出好几个表示风景的单词,如 scene, scenery, sight, landscape, attraction, place of interest 等。

还可以以同词根、词的音、形义的异同进行展开联想等。这种方法有利于培养学生的发散性思维,同时又是以英语词汇的一连串的联想来记忆,减少了母语的渗入。

三、在听说的训练过程中培养学生的英语思维能力

学习英语的目的就是要求学生能够自如地运用英语进行交际。所以听说训练是一个重要的手段。教师要改变以往以自己为主体的课堂，让学生成为课堂的主角。同时要改变以教授语法和词汇为主的课堂，而增加听说的训练。要引导学生注重这方面能力的提升。听说训练的途径有：听英语老师的英文授课，听课文录音，听英文电台，听英文歌曲，欣赏英文电影，参加英语角等。在课外生活中多用英语与同学和老师交流，尽可能把自己所学的知识用嘴巴表达出来。

四、在培养学生阅读能力中培养学生的英语思维

学生的英文水平的高低很大程度上取决于他们的英语思维能力的高低。而阅读是培养学生英语思维能力，进而学好英语的重要途径。大量的阅读有助于学生积累大量的英语语言经验，开阔学生的视野，获取文化背景知识。使学生在掌握英语语言知识的同时，了解英语国家的风土人情、社交习俗、宗教信仰和科普知识等等。阅读材料本身的篇章结构和逻辑关系有利于学生思维能力的培养，阅读前后的讨论等活动更是抽象思维能力转向具体英语交际能力的重要途径。所以无论在课堂的阅读教学还是课外的阅读材料学习，都要求学生重视用他们的英语思维去理解文章，讨论阅读前后所设置的问题，解答在阅读过程中出现的陌生词汇题等。教师还要对学生的课外阅读进行辅导，帮他们挑选一些适宜高中学生阅读的材料，如《英语周报》、《疯狂英语》、《中国日报》、《21世纪报》等等，让他们通过阅读接触更多更丰富的词汇和语法现象，了解英语特有的思维方式、表达法及习惯用语。

在英语的教学过程中，可以在更多方面对学生进行英语思维的培养，如指导学生用全英文的字典，很多学生比较喜欢用电子词典，我们应该要加以引导，使其知道字典的好处多于电子词典；鼓励学生坚持用英

文写日记、周记记录他们身边的事情以培养他们的英语思维能力;鼓励学生经常练习翻译题目,通过对比两种语言的不同思维来提高自己的英语思维。

总之,培养学生的英语思维能力的方法有很多,我们应该在教学的过程中不断地加以发现。同时更为重要的是作为一名老师,我们要把我们所发现的这些方式方法落实并介绍给学生,使学生能够真正受用。

第四节 如何在多媒体教学中提高中小学生英语思维能力

语言是思维的工具,而语言思维是把语言学习转化为语言交际的唯一媒介。用英语思维,就是指在使用英语进行表达或阅读时,没有母语的介入,没有"心译"的过程,完全用英语思考、表达自己或领悟别人的意思。我们学习英语,总有一个母语(汉语)干扰源问题。

作为可以用枯燥来形容的语言学科,英语同时也是一门实践性极强的课程。在教学中,如果能够充分利用多媒体辅助教学,就能更有效地展现感性材料,激活英语课堂,创设最佳的语言环境,培养学生的英语思维能力。

一、创设情境,培养学生的形象思维能力

利用多媒体辅助教学,能够使教学内容以生动的画面、声音等各种形式体现出来。在英语教学中,如苹果、尺等实物可以利用图片展示让学生有一定的直观认识。但通过多媒体辅助教学的手段,创设一定的情境,也能让学生充分感知事物,化抽象为具体,丰富学生的形象思维,拓宽思维广度,提高思维灵活性。这样,教学内容更明确,形象更生动,方法更有效,学生掌握速度更快、功效更高。

例如,在教牛津小学英语四年级下册 Unit 8 Open day 时,将教材与多媒体结合,做成 CAI 课件。这节课的内容主要围绕 What's in your classroom? 展开,学习句型 There's...和 There are some ...的表达方式以及介词 in,on 和 near 的使用。在教学介词时,设计了这样的一个动画:Nancy 送给 Yang Ling 一份礼物,Yang Ling 打开盒子一看,一只玩具狗静静地躺在盒子里。点击鼠标,玩具狗被放在了盒子上面;再点击,玩具狗又静静地坐在盒子旁,依靠着盒子。学生通过观察和思考,能够轻松地从这形象有趣的画面中正确理解这几个介词的含义。

整个教与学的过程都结合了现代的教育技术,融展示、观察、学说为一体,是一个"授人以渔"的过程,优化教法的同时不仅让学生"学会",更让学生通过自己的观察和思考去学习,使之"会学"并能对所学的知识运用于实际,培养他们自主学习的能力和创新精神。

二、引申知识迁移,激发学生的创新思维能力

在课堂教学中,我们借助多媒体范围广、容量大、信息多、图文并茂的特点,吸引学生的注意力,缩短反馈的时间并帮助学生引申迁移所学的知识,激发他们的创新思维能力。

例如,在教学买东西的相关句型时,我们就可以利用多媒体展示呈现与课文内容相似的情境,在模拟的情境中鼓励学生发挥自己的想象,运用所学的知识来编对话并将对话表演出来。如:Su Yang,Su Hai 和他们的父亲在快餐店,三人在商量着吃什么,然后教师一边播放录音一边让学生思考如果自己在这样的情境中会怎样进行口语交流……日常生活中,学生多多少少都买过东西,因此对这个过程是非常熟悉的,生动活泼的画面加上悦耳的语音,唤起了学生原有的生活体验,帮助学生更快更好地掌握买卖口语。这样既巩固了所学的知识,又进行了知识的拓展与延伸,培养了学生的创新思维能力。

知识窗

英语与汉语的思维方式不同,都表现在哪些方面?

Think in English:学会用英语思维

美语思维学习法创始人、北京新东方教育科技公司副总裁王强发明了把英语分为三个层次:第一个层次是 English is texts(作为文本的英语),典型代表是各类笔记、报刊杂志以及英语影视作品;第二个层次是 English in thought(作为思维的英语),主要是我们在头脑中组织英语使其成为可以表达的句段;第三个层次也就是最高的层次是 English in action(作为日常表现的英语),当你能在日常生活中从容用英语交流而不感到别扭,你便达到了这一层次。

要想达到最高的层次,实现美语思维(Think in American English)需要付出艰苦的努力。不过当你看到因为没能掌握美语思维而造成的尴尬,你就会觉得你的付出是值得的,这是发生在一个朋友身上的真事:几年前他带几位美国朋友去登长城,尽游兴之余,一位美国朋友内急,出于礼貌,他在向朋友询问厕所在哪里时,没有使用 WC,toilet,lavatory 这类词汇,而是说 May I go somewhere? 我的朋友照字面意思理解,以为这位美国朋友想去别的地方逛逛,便回答说 Of course. You can go anywhere.(你可以去任何地方)。做出这样的回答,其尴尬场面可想而知了。

六个 H

但是,培养美语思维不可能一蹴而就,必须从一定的技能入手,才能达到一定的效果。因此,需要掌握六种技巧:

一是如何界定。

美国人在界定事物时习惯于先给出本质的属性,再添枝加叶使其概念具体丰满。例如"蛋糕"用中文界定为:面粉加鸡蛋兑水调匀,经烘烤得到的甜食;而在英文中的界定可以是:a kind of food baked with flour, eggs and water。再如我们称飞碟做"不明飞行物",最后一个汉字才指出它是一个物体,而英语中的界定 a flying object,nobody knows where it comes from 正好与中文词序相反。

二是如何解释。

你可以这样来解释 love:love 就是 a kind of feeling,是它使得你母亲每天早上摸黑起床为你和你的父亲准备早饭;是它使得你的母亲辛苦操劳而毫无怨言,相信这样的解释会使你的女友明白何为 love 了。

三是如何描述。

与中国人不同,美国人喜欢从自我出发来安排描述的顺序。最明显的例子莫过于中英文书信地址的不同写法:前者按区域由大到小锁定某一地点,后者则采取了截然相反的方式。

四是如何使用成语。

美国成语是美国文化的浓缩,如果能在恰当的场合加以利用的话,就可以在思路上接近美国人。

五是如何猜测。

口语与书面语的不同在于前者是一次性的并且有严格的时间限制,若是因为某个单词没听清楚就卡在那里,再往后肯定是听不下去的;这时就需要猜测的能力在很短的时间内根据上下文对不解之处有一个笼统模糊的认识,需要采取不求甚解的战术,才不至因为拘泥于一步棋而乱了全盘。

六是怎样实现英汉之间的转义。

处理好母语与外语之间的关系,可以在两种语言的相互辅助中加深对美语思维的认识。例如在汉语里我们说:"缺了一条腿。"英语中相应的表达却是:with only one leg,一个强调"无"而另一个强调"有",思维习惯上的差异明显,用心体会英汉表达上的差异定会获益不浅。

创造性和个人性格、家庭社会环境、教育背景、知识储备量都有关系,是多复合的问题,需要协调多方面的因素才能提高。关于数学的创造性问题,要加强数学知识的储备量,合理调整知识结构,由于创造性和人格有密切的关系,所以这个能力不是单靠练习就能提高的。

如何培养写作思维能力?

一、写作是一个厚积薄发的过程,是一项将积累释放于一时的过程。积累越深厚,释放就越精彩;积累越科学,释放就越有效。读书是积累的一种有效的形式。我们说积累是写作的源泉和基础,但要讲求方法和效率,以形成"有效积累"。

二、不能死读书、读死书,而要有目的地读书,带着问题学,活学活用。

三、读书是为了应用,只有应用了,才能达到读书的目的。只有用过,才能牢记;只有用过,才能使知识融化在血液中,才算自己的东西。

四、写作需要你具有以下能力:

1.发现、收集素材的能力;

2.阅读分析消化能力;

3.整理归纳能力;

4.资料编排、档案管理能力。

这些能力的综合水平决定了你的写作能力的高低。由此可知"看了很多书"只是有利于你某部分能力的提高。

这里所谓"能力"实际上就是掌握了某种方法并能灵活运用之。

后 记

思维是孤独的,所以你要学会忍受孤独的侵袭,学会独立地思考。

送给大家一段话:

如果一个人出于对别人的有理由的厌恶,迫于畏惧而选择了孤独的生活,那么,孤独生活的晦暗一面是他无法长时间忍受的,尤其正当年轻的时候。我给予这种人的建议就是养成这样的习惯:把部分的孤独带进社会人群中去,学会在人群中保持一定程度上的孤独。这样,他就要学会不要把自己随时随地的想法马上告诉别人;另外,对别人所说的话千万不要太过当真。他不能对别人有太多的期待,无论在道德上抑或在思想上。对于别人的看法,他应锻炼出一副淡漠、无动于衷的态度,因为这是培养值得称道的宽容的一个最切实可行的手段。

虽然生活在众人之中,但他不可以完全成为众人的一分子;他与众人应该保持一种尽量客观的联系。这样会使他避免与社会人群有太过紧密的联系,这也就保护自己免遭别人的中伤和侮辱。关于这种与人交往的节制方式,我们在莫拉丹所写的喜剧《咖啡厅,或新喜剧》中找到那值得一读的戏剧描写,尤其在剧中第一幕的第二景中对 D.佩德罗的性格的描绘。从这种意义上说,我们可以把社会人群比喻为一堆火,明智的人在取暖的时候懂得与火保持一段距离,而不会像傻瓜那样太过靠近火堆;后者在灼伤自己以后,就一头扎进寒冷的孤独之中,大声地抱怨那灼人的火苗。

——叔本华《关于独处》(节选)

让我们:

引奇激趣,迎接思维的使者!

诱导质疑,催生创新的萌芽!

鼓励求异,激活智慧的灵魂……

编者

2012 年 5 月